Inhalt

De
sec

W0333196

KLAUS RICHARZ/ALFRED LIMBRUNNER

Welche Tierspur ist das?

KOSMOS

Was Spuren verraten

Während Spurenlesen für Naturvölker eine Überlebensfrage war, gelingt es heute höchstens noch einigen Wildbiologen, Jägern und Förstern, ohne dass sie die Perfektion echter »Fährtensucher« erreichen. Immerhin können wir auf Spaziergängen unser Naturerlebnis erheblich bereichern, wenn wir lernen, auf die Spuren von Tieren zu achten und diese richtig zu lesen. Mit etwas Übung gelingt es, allein durch die Hinterlassenschaften von Tieren einiges über ihr Vorkommen, ihre Wechsel und Einstände und ihr Verhalten zu erfahren – seien es ihre Tritt- und Fraßspuren, ihre Körperausscheidungen (Kot, Gewölle), Nester und Baue oder auch die Spuren ihrer Körperpflege. Nach diesen Spuren-Gruppen ist dieses Buch gegliedert.

TRITTSPUREN

Vor allem bei Säugetieren sind Trittspuren als Nachweise ihres Vorkommens wichtig. Bei entsprechendem Untergrund bleibt als negativer Abdruck ihrer Füße eine Spur zurück. Nach dem Bau ihrer Extremitäten werden Säugetiere in Sohlen-, Zehen- und Zehenspitzengänger eingeteilt (siehe Seite 120). Die Füße der Sohlen- und Zehengänger bezeichnet man auch als Pfoten (Raubtiere, Nagetiere, Hasentiere und Insektenfresser). Während Sohlengänger mit der ganzen Fußsohle auftreten, drücken sich bei den Zehengängern nur die Zehen und Hauptballen ab. Bei den Zehenspitzengängern sind die Endglieder durch

Rehfährte

Deutlich ist der Rehwechsel im Schnee zu sehen.

Hornschuhe (Hufe) geschützt. Huftiere unterscheiden sich in Paar- und Unpaarhufer.
Die hintereinander angeordneten Pfotenabdrücke oder Trittsiegel ergeben die Spur (Fährte). Bei der Aufeinanderfolge der Fußabdrücke ist vor allem darauf zu achten, welche Stellung die Hinterfüße im Verhältnis zu den Vorderfüßen einnehmen. Je nach Laufart und Laufgeschwindigkeit entstehen unterschiedliche Spurenbilder. So werden im Schritt oder Gang die Hinterfüße mehr oder weniger genau in die Abdrücke der Vorderfüße gesetzt. Dadurch entstehen zwei Reihen von Abdrücken nebeneinander. Je schneller sich ein Tier bewegt, desto mehr verringert sich seine Schrittbreite und umso mehr nimmt die Schrittlänge zu. Das lässt sich besonders gut bei der nächstschnelleren Gangart, dem Trab, feststellen. Beim Galopp schließlich setzen die Tiere ihre Hinterfüße vor den Vorderfüßen auf.

Und beim Sprung wird sich mit beiden Hinterbeinen gleichzeitig abgesetzt, um im Bogen vorwärtsgeschleudert zu werden und auf den Vorderbeinen zu landen, die meist in geringem Abstand voneinander auf den Boden aufsetzen.
Beim Bestimmen von Trittspuren sind Messungen wichtig. Die Pfotenbreite misst man auf Höhe der beiden vorderen Zehenballen, für die Pfotenlänge wird der Abstand vom vorderen Zehenballenrand bis zum Hinterrand des Hauptballens (bei Zehengängern) bzw. des Fersenballens (bei Sohlengängern) genommen. Die Trittsiegelbreite beim Schalenwild wird an der breitesten Stelle der Schalenabdrücke gemessen, als Längenmaß nimmt man die Schalenspitze bis zum hinteren Rand des Ballens. Erfahrene Spurenleser können anhand der Fußspuren nicht nur die Tierart und deren Gangart bestimmen. Bei einigen Arten ist sogar über die Spur das Erkennen von Geschlecht, Alter, Gewicht, körperlicher Verfassung und Geweihform des Tieres möglich. Allerdings hängt das Bestimmen der Spur neben dem Können des Spurenlesers auch von der Qualität der Spur ab. Und die wird vor allem von der Beschaffenheit des Untergrundes, den Wetterbedingungen, der Laufgeschwindigkeit des Tieres sowie dem Alter der Spur mitbestimmt.
Auch die Trittsiegel der Vögel hängen vom Fußaufbau ab. Je nach Hauptfunktion des Vogelfußes ergeben sich unterschiedliche Trittstrukturen wie Greif-, Sitz-, Wat- oder Schwimmfuß. Meist sind vier Zehen um die Basis des langen Laufs, der sogenannten Metatarsalregion, angeordnet – wobei die 1. Zehe (Hinterzehe) nach hinten zeigt und oft rückgebildet ist, während die 2. Zehe als Innenzehe die körpernächste, die Mittelzehe (3. Zehe) die längste ist und die 4. Zehe als Außenzehe am weitesten vom Vogelkörper wegzeigt.

FRASSSPUREN

An Bäumen, Sträuchern, Kräutern, Früchten und Wurzeln lassen sich vielfältige Fraßspuren von pflanzenfressenden Säugetieren, Vögeln, Insekten und Schnecken entdecken. Fraßspuren an Pflanzen durch Säugetiere sind abhängig von der Körpergröße bzw. »Reichweite« ihrer Erzeuger. So benagen Scher- und Erdmäuse den Wurzelbereich von Pflanzen. Nagespuren dicht am Boden zeugen von Mäu-

Kleiberschmiede

sen, Hasen oder Kaninchen. Dagegen kommen Hirsche und Rehe höher hinauf. Nagespuren am Gezweig stammen oft von »Kletterkünstlern« wie Eichhörnchen, Siebenschläfern oder auch Rötelmäusen. Auch bei Fraßspuren an Obst und Früchten kann man auf den Erzeuger kommen. So hinterlassen Säugetiere verschieden breite Zahnmarken ihrer Schneidezähne im Fruchtfleisch. An hartschaligen Früchten wie Haselnüssen und Eicheln wird die Öffnungstechnik deutlich. Wo Eichhörnchen Nüsse geknackt haben, lässt sich leicht unterscheiden, ob ein »Anfänger« oder »Profi« am Werke war. An der Bearbeitungstechnik von Zapfen lassen sich Mäuse von Eichhörnchen unterscheiden. An Pflanzenteilen fressende Vögel hinterlassen oft Pick- und Hackspuren. Spechte und Kreuzschnäbel haben besondere Techniken beim Zerlegen von Zapfen. Auch zertrümmerte Schneckengehäuse, aufgespießte, deponierte oder angekröpfte Beutetiere, einschließlich deren Fundumgebung, lassen auf einzelne

Vogelarten als Erzeuger schließen. Fraßspuren an Eiern können sowohl von Vögeln als auch von Säugetieren stammen.

GEWÖLLE

Die unverdaulichen Reste von Beutetieren, wie Haare, Federn, Knochen und Chitinteile, werden im Magen bestimmter Vogelarten zu einem Klumpen zusammengeballt und in Abständen als Speiballen (Gewölle) ausgeschieden. Für den reibungslosen Durchgang durch die Speiseröhre werden die Speiballen mit einem Schleimüberzug versehen, der an der Luft rasch trocknet.

KOT, LOSUNG

Kotspuren von Säugetieren geben Aufschluss darüber, ob der Erzeuger überwiegend Fleisch- oder Pflanzenfresser ist. Fleischfresserkot enthält in der Regel mehr Wasser, Knochen und Haare, ist länglich und riecht streng. Oft wird der Kot auch als Duftmarkierung für das Revier oder für Artgenossen verwendet. Dazu wird er vom Erzeuger stets an der gleichen Stelle abgesetzt. Einige Tiere, wie der Dachs, richten sich sogar Toilettenplätze ein, die mehrfach genutzt und nicht abgedeckt werden. Bei Allesfressern enthält der Kot zusätzlich Rückstände von Pflanzenteilen. Bei Pflanzenfressern ist er sehr ballaststoffreich, oft härter und besteht aus vielen kleinen festen Pflanzenteilen. Beim Rothirsch etwa kann man anhand der Form des Kotes sogar auf das Geschlecht seines Erzeugers schließen.

NESTER UND BAUE

Zahlreiche Tiere, ob Säugetiere, Vögel oder auch einige Insekten, errichten Baue oder Nester vor allem für die Aufzucht ihrer Jungen. Oft dienen Tierbauten auch als Verstecke oder zum Schutz gegen Kälte oder Feuchtigkeit. Nur wenige Arten beziehen ganzjährig feste Baue. Mit Abstand am häufigsten stoßen wir auf alte Vogelnester, die während der Vegetationszeit gut verborgen im Bodenbewuchs oder dem Laub von Bäumen und Büschen angelegt wurden und uns erst nach dem Laubfall im Winterhalbjahr auffallen. Denn für die meisten Vogelarten ist der Nestbau obligatorisch. Und so unterschiedlich wie die Vogelarten – vom Uhu bis zum Mauersegler – sind, so vielgestaltig sind auch ihre Nester. Sie gibt es wohl in allen erdenklichen Variationen: von der flüchtig angelegten Bodenmulde (Watvögel, Möwen) bis zum kunstvoll geflochtenen Kugelnest (Beutelmeise), der Erdhöhle (Eisvogel), dem Lehmnest (Schwalben) oder dem Schwimmnest (Haubentaucher). Vogelarten, die keine eigenen Nester bauen, sind auf die Aktivitäten anderer Arten angewiesen. So bewohnen beispielsweise Waldohreulen verlassene Raben- oder Greifvogelnester, Hohltauben und Raufußkäuze die Höhlen von Schwarzspechten und Sperlingskäuze beziehen leere Buntspechthöhlen. Manchen Arten wie Uhu und Wanderfalke genügt schon ein Felssims zum Brüten. Je nach ihrer Stellung, Größe, dem Bautyp und den verwendeten Baustoffen sind die Nester für die einzelne Vogelart kennzeichnend.

KÖRPERPFLEGE UND MEHR: VERSCHIEDENE SPUREN

Auch bei der Körperpflege mancher Tierarten bleiben interessante Spuren zurück: Suhlen, Scheuer-, Fegebäume oder sogenannte Huderpfannen. Zum Schluss bleiben noch Hinterlassenschaften wie beispielsweise Exuvien, die sich nicht so einfach in die vorangegangenen Kategorien einordnen lassen, uns aber einiges über die Tiere, von denen sie stammen, verraten.

Rabenkrähennest

Die Tierspuren

Eichhörnchen
— *Sciurus vulgaris*

› Zehen gespreizt
› Hoppelspur
› am Boden zwischen Bäumen

MERKMALE Vorderfußspur 3–4 cm lang und 1,5–2 cm breit, Hinterfußspur 4–5 cm lang und 2,5–3,5 cm breit. Eichhörnchen besitzen am Vorderfuß vier lange, stark spreizbare Zehen. In der Spur drücken sich vier Zehenballen, drei Haupt- und zwei Fersenballen ab. Von den am Hinterfuß sitzenden fünf Zehen sind die drei mittleren gleich lang und liegen eng nebeneinander. Die beiden äußeren Zehen des Hinterfußes sind kürzer und können stark gespreizt werden. Der Hinterfuß hat vier Haupt-, aber keine Fersenballen. Er drückt sich meist bis zum Fersengelenk ab. Die scharfen Krallen sind fast immer zu erkennen. **VORKOMMEN** In Parks, Gärten mit altem Baumbestand und Wäldern, vor allem im Schnee oder auf schlammigen Wegen. **WISSENSWERTES** Die kurze Spur beginnt und endet fast immer an einem Baum. Sie ist so charakteristisch, dass sie nicht zu verwechseln ist. Denn das Eichhörnchen hoppelt wie ein Hase oder Kaninchen, um dabei die Hinterbeine vor den Spuren der Vorderläufe aufzusetzen. Manchmal führt die Eichhörnchenspur im Winter auch zu einem ausgegrabenen Vorratslager.

Maus
— Verschiedene Arten und Gattungen

› Hinterfuß größer
› zwischen Mauselöchern
› Langschwanzmäuse: Schwanzabdruck

MERKMALE Ähnlich Wanderratte, aber kleiner. Langschwanzmäuse und Wühlmäuse zeigen alle den gleichen Fußabdruck, wobei dessen Größe je nach Art schwankt. So ist die Länge der Trittsiegel bei der Waldmaus vorne 1 cm, hinten 2–2,7 cm, bei jeweils 1 cm Breite. Die Vorderfußspur zeigt vier gespreizte Finger und bleibt gelegentlich auf den Abdruck der spitzen Krallen beschränkt. Die Hinterfußspur ist größer und zeigt fünf besser abgebildete Zehen. Feldmäuse (Wühlmäuse) bewegen sich meist im Schritt, Langschwanzmäuse im Sprung, insbesondere im Schnee. **VORKOMMEN** Im Lebensraum der Arten auf schlammigen Rohböden oder im Schnee. **WISSENSWERTES** Wühlmäuse können ihre äußeren Zehen stärker abspreizen. Die Schleifspur des längeren Schwanzes der Langschwanzmäuse ist meist als Rinne in der Spur abgebildet. Wühl-/Feldmausspuren sind fast immer kürzer. Sie führen meist nur von einem Mauseloch zum anderen. Ihre kurzen Schwänze hinterlassen meist nur im Pulverschnee eine Spur.

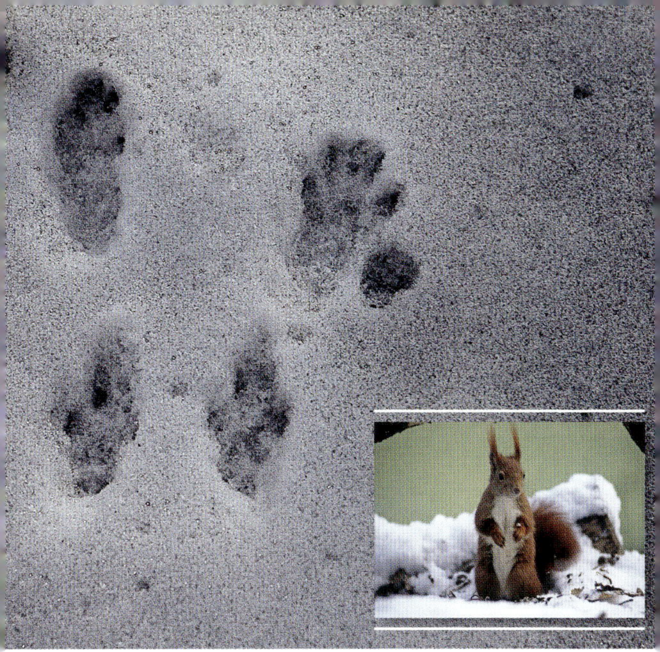

Feldhase
— Lepus europaeus

› Hoppeln
› alle vier Pfoten als Sprunggruppe
› Hinterfüße länger

MERKMALE Typische, nur mit dem Wildkaninchen zu verwechselnde Spur. Die längeren Trittsiegel der Hinterfüße (Länge 7–12 cm, Breite 3,5 cm) stehen nebeneinander jeweils vor den mehr oder weniger hintereinander gesetzten, rundlichen Abdrücken der Vorderfüße (Länge ca. 5 cm, Breite 2,6–3 cm), weil diese beim sogenannten »Hoppeln« von den Hinterläufen übereilt werden (Galoppspur). **VORKOMMEN** In reich strukturierten offenen Kulturlandschaften, vor allem im Schnee oder auf schlammigen Wegen. **WISSENSWERTES** Alle Hasenartigen bewegen sich aufgrund ihres Körperbaus ausschließlich hoppelnd vorwärts. Alle vier Pfoten werden dabei als typische Sprunggruppe (Hasensprung) abgebildet. Von den fünf Zehen der Vorderpfote wird der reduzierte Daumen im Trittsiegel nicht abgedrückt. Die Hinterpfote ist vierzehig. Die starken Krallen an den Hasenpfoten drücken sich immer mit ab. Obwohl Zehenballen fehlen, täuschen die dichten Haarbüschel auf der Pfotenunterseite im Abdruck Ballen vor. Die direkte Aneinanderreihung der Trittsiegel entsteht beim langsamen Hoppeln.

Wildkaninchen
— Oryctolagus cuniculus

› kleiner als Hasenspur
› geringerer Abstand
› Vorder- und Hinterfuß ähnlicher

MERKMALE Vorder- und Hinterfußabdrücke deutlich kleiner als bei erwachsenen, mit denen halbwüchsiger Hasen aber durchaus verwechselbar. Größenunterschied zwischen Vorder- und Hinterfußabdruck beim Wildkaninchen weniger deutlich ausgeprägt. Vorderfuß 3 cm lang und 2,5 cm breit, Hinterfuß 4 cm lang und 2,5–3 cm breit. Wegen der geringeren Größe ist der Abstand zwischen den einzelnen Sprunggruppen kleiner und kann bei der Flucht bis auf 1 m ansteigen. **VORKOMMEN** In deckungsreichen Landschaften mit grabfähigen Böden. **WISSENSWERTES** Langsam hoppelnde Kaninchen hinterlassen an Eichhörnchen erinnernde Trittbilder. Dabei werden die Vorderpfoten nicht wie beim typischen Hasensprung hintereinander, sondern nebeneinander aufgesetzt. Als ursprüngliche Steppenbewohner waren Kaninchen nur auf der Iberischen Halbinsel und in Nordafrika heimisch, um als beliebte Jagdobjekte von den Menschen seit dem Altertum über die ganze Welt verbreitet zu werden.

Fuchs

— Vulpes vulpes

› ovale Trittsiegel
› deutliche Krallenmarken
› besonders typisch: Schnüren

MERKMALE Ovale Trittsiegel von ca. 5 cm Länge und 3,5–4,5 cm Breite. Neben dem Hauptballen drücken sich vier Zehenballen sowie deutliche Krallenmarken ab. Ballen der beiden mittleren Zehen eng beieinander und auf gleicher Höhe liegend; dahinter die Ballen der beiden äußeren Zehen; beide ebenfalls auf gleicher Höhe. Vorder- und Hinterpfoten sind ungefähr gleich groß. **VORKOMMEN** Auf geeignetem Untergrund in fast jeder Landschaft; auch in Dörfern und Städten. **WISSENSWERTES** Die verschiedensten Fortbewegungsarten des Fuchses erzeugen unterschiedliche Spurenbilder. Neben dem Schnüren bewegen sich Füchse am häufigsten im Trab fort. Dabei ist ihre Körperhaltung leicht schräg zur Fortbewegungsrichtung. Die Hinterfüße werden in die Spuren der schräg versetzt stehenden Vorderfüße gesetzt. Die Schrittlänge beim Trab beträgt zwischen 60–80 cm. Beim Flüchten entstehen sehr verschiedene Trittbilder, wobei die Füchse bei allen Flucht-Trittbildern übereilen. Verglichen mit einer gleich großen Hundespur wirkt die Fuchsspur länglicher und schmaler (siehe Seite 18).

Dachs

— Meles meles

› »genagelte« Krallenabdrücke
› Tritte einwärts gewendet
› Vorderfüße als Grabwerkzeuge

MERKMALE 4–6 cm lange und 4–5 cm breite Fußspur mit fünf Zehen am Vorder- und Hinterfuß. Deren Krallen sind am Vorderfuß besonders lang und drücken sich im Trittsiegel des Sohlengängers mitsamt den nackten Ballen meist gut ab. Der vollständige Abdruck des um etwa 1 cm größeren Vorderfußes ist 8 cm lang und 5 cm breit, der des Hinterfußes 7 cm lang und 4 cm breit. Im Schritt setzt der Dachs den Hinterfuß gerade in oder knapp vor den Abdruck des Vorderfußes bei einer Schrittbreite von 18–20 cm und einer Schrittlänge um 50 cm. Im Trab wird der Hinterfuß vor den Abdruck des Vorderfußes gesetzt. Die Schrittlänge erreicht 80 cm. **VORKOMMEN** Vor allem in Wäldern und in Waldrandnähe. Die Spuren lassen sich in der Bauumgebung und auf feuchten Wegen am leichtesten entdecken. **WISSENSWERTES** Typisch für die Dachsspur sind die »genagelten« Krallenabdrücke sowie die häufig etwas einwärts gewendeten Tritte. Seine starken Krallen an den Vorderfüßen sind ideale Grabwerkzeuge.

Hund
— *Canis lupus familiaris*

- › je nach Rasse unterschiedlich groß
- › Krallen deutlich abgedrückt
- › von Fuchs und Wolf unterscheidbar

MERKMALE Typische Trittsiegel von Hundeartigen; je nach Rasse von sehr unterschiedlicher Größe, von 2,5 bis 10–13 cm Länge. Abdruck der Vorderpfote in der Regel länger und breiter als der Abdruck der Hinterpfote. In jeder Spur drücken sich auch die Krallen deutlich ab. **VORKOMMEN** Überall, wo sich im Untergrund eine Spur abdrücken kann. **WISSENSWERTES** Hundespuren unterscheiden sich durch die Anordnung der Zehen- und Mittelballen von Fuchs- und Wolfsspuren. Bei Hunden sind die Unterpartien der Zehenballen ziemlich dicht an die Trittsiegelmitte gerückt, sodass sie nahe am Hauptballen ansetzen, das Trittsiegel fast ganz ausfüllen und so fast kein freier Raum in der Mitte zwischen den Ballen entsteht. Die Verbindungslinie ihrer Ballenbasis schneidet im Gegensatz zu Fuchs und Wolf stets die Ballen der Zehen. Dagegen liegen bei diesen die Hinterränder der beiden mittleren Zehenballen auf der gleichen Linie, an der die Vorderränder der Außenzehenballen enden. Auch sind die Wolfstrittsiegel schlanker als die gleich großer Haushunde.

Hauskatze
— *Felis silvestris*

- › rundliche Spur
- › ohne Krallenabdruck
- › Wildkatzen-Spur größer

MERKMALE Rundliche Spur ohne Krallenabdrücke von etwa 2,5–3,5 cm Länge und 3 cm Breite. Vier Zehenballen zu einem regelmäßigen Bogen angeordnet. Der dreigelappte Sohlenballen drückt sich am Ballenhinterende mit drei Bogen ab. Beim Schleichen werden die einzelnen Pfoten dicht hintereinander abgesetzt, beim Schreiten drücken sich die Hinterpfoten teilweise in die Zehenabdrücke der Vorderpfoten ab, beim Trab decken sich Hinter- und Vorderpfoten völlig, in der Fährte ist keine Schränkung sichtbar (Schnüren). **VORKOMMEN** Vor allem im Wohnumfeld und im ländlichen Raum auf feuchtem Boden und im Schnee. **WISSENSWERTES** Weil Katzen ihre scharfen Krallen in Krallentaschen einziehen, drücken sich diese nur ausnahmsweise in der Spur ab, etwa beim Beutesprung. Die Trittsiegel der seltenen Wildkatze sind sehr ähnlich, aber etwas größer. Bei ihr sind Vorder- und Hinterfußspur bis 4 cm lang und 3,5 cm breit. Gangarten, Spurenbild und Fährten weitgehend hauskatzenähnlich.

Reh

— Capreolus capreolus

› schmale, spitze Schalen
› kleinste Huftierspur
› bei Flucht Afterklauen abgedrückt

MERKMALE Kleinste Trittsiegel eines europäischen Huftiers. Abdruck länglich herzförmig, 4–5 cm lang und 3 cm breit. Auf weichem Boden können sich auch die Afterklauen abdrücken. **VORKOMMEN** In Feld und Wald auf feuchten Wegen und vor allem im Schnee. **WISSENSWERTES** Unterscheidung von Männchen und Weibchen anhand der Spur schwierig. Nur Abdrücke von etwa 5 cm Länge stammen einwandfrei von Böcken. Die einzelnen Schalen sind schmal und spitz, bei älteren Tieren vorne abgerundet. Beim Gang werden die Trittsiegel leicht nach außen gestellt. Beim Trab treten die Hinterfüße in die Abdrücke der Vorderfüße bei einer Schrittlänge von 60–90 cm. Beim schnellen Trab übereilen Rehe, die einzelnen Trittsiegel stehen dann in einer geraden Linie. Beim verschobenen Hasensprung, der typischen Fluchtfährte, drücken sich die Afterklauen besonders deutlich ab. Die Vorderläufe sind stark gespreizt. Viele Fährten auf ihren Wechseln, vor allem an den Austrittsstellen der Rehe am Waldrand ins Feld. Rehe sind gute Springer, ihre Sprungweite beträgt bis zu 7 m.

Rothirsch

— Cervus elaphus

› Geschlechter unterscheidbar
› hoch sitzende Afterklauen
› übereilen beim Galopp

MERKMALE Breit-ovale Trittsiegel mit nahezu parallel verlaufenden Schalenrändern und einer stumpfen, abgerundeten Spitze. Beim erwachsenen Männchen (Hirsch) sind die Trittsiegel der Vorderläufe 7,5–9,5 cm lang und 6–7,5 cm breit, die der Hinterläufe meist etwas kleiner. Die Trittsiegel des Weibchens (Hirschkuh) sind eiförmiger, meist kürzer, schmaler und spitzer (Vorderläufe 6–7 cm lang und 4,5–5,5 cm breit). Die Trittsiegel des Hirschkalbs erreichen 4,5 cm Länge und 3,5 cm Breite. Auch die Spreizung ist bei Kühen und Kälbern geringer. **VORKOMMEN** In vielen Waldgebieten mit Freiflächen, bis ins Hochgebirge; vor allem auf feuchten Rohböden und im Schnee. **WISSENSWERTES** Beim Gang werden wie beim Trab die Hinterhufe bei einer Schrittlänge von 50–70 cm etwa in die Spur der Vorderhufe gesetzt. Junge und schwache Tiere übereilen dabei, während ältere etwas zurückbleiben. Beim Galopp wie beim Sprung übereilen Rothirsche dagegen immer. Die relativ hoch sitzenden Afterklauen drücken sich nur bei schnellen Gangarten oder auf Schlamm und im Schnee ab.

Wildschwein

— Sus scrofa

- Geschlechter unterscheidbar
- Afterklauen in Spur
- Schalen bei schnellem Lauf gespreizt

MERKMALE Trittsiegel je nach Alter und Geschlecht der Tiere 9–12 cm lang und 6–8 cm breit (Keiler), 8–11 cm lang und 4,5–5,5 cm breit (Bache) oder 4 cm lang und 3 cm breit (Frischling). Stets sind die Afterklauen seitlich der Spur mit abgedrückt, sie können höchstens in der Frischlingsspur fehlen. **VORKOMMEN** Auf Wald- und Feldwegen, vor allem auf feuchtem Untergrund und im Schnee. **WISSENSWERTES** Die Schalen der erwachsenen Wildschweine sind kräftig und abgerundet, während sie bei Jungtieren noch zugespitzt sind. Bei weiblichen Wildschweinen ist die Spitze der Schalen im Abdruck meist gespreizt. Beim Gang oder Trab werden die Hinterfüße jeweils in die Vorderfußabdrücke oder knapp dahinter gesetzt, wodurch es zu einem Doppelabdruck der Afterklauen kommt. Die Schrittlänge erwachsener Wildschweine liegt zwischen 35 und 45 cm. Beim Galopp und Sprung drücken sich alle vier Hufe bei stark gespreizten Schalen deutlich ab. Im Tiefschnee pflügt die Rotte eine Rinne. Wenn sich im Tiefschnee keine Einzelheiten abbilden, lässt sich die Wildschweinfährte noch durch die breite Trapezform vom Rothirsch unterscheiden.

Gämse

— Rupicapra rupicapra

- Anpassung ans Klettern
- weiche Klauensohle
- übereilen bei Flucht

MERKMALE Rechteckig geformte Trittsiegel mit stets mindestens 1 cm breitem Zwischenraum zwischen den Schalen. Ballen in guter Spur stets scharf abgegrenzt. Afterklauen nur im Schnee oder beim Sprung abgedrückt. Länge der Trittsiegel 6 cm, Breite 3,5–5 cm. **VORKOMMEN** In der Matten- und Felsregion im Gebirge. Auf felsigem Untergrund entstehen kaum deutliche Spurbilder. Diese sind am ehesten im Schnee zu entdecken. **WISSENSWERTES** Ihre Trittsicherheit verdanken Gämsen dem speziellen Bau der Hufe. Neben einer weichen und anpassungsfähigen Klauensohle haben die gummiartig elastischen Schalenränder eine kräftig entwickelte Kante. Die Schrittweite im Gang beträgt 35–50 cm. Beim Absprung geben die Fußgelenke stark nach; die Afterklauen können sich so 10 cm hinter dem Trittsiegel abdrücken. Bei der Flucht übereilen Gämsen. Weil sie vor allem den Mittelteil der Trittfläche stärker abnutzen, drücken sich die Ballen, Spitzen und Schalenkanten in der Spur deutlicher ab.

Weißstorch

— Ciconia ciconia

› 1. Zehe kürzer
› Tritte leicht seitwärts eingedreht
› Krallen- direkt am Zehenabdruck

MERKMALE Asymmetrische, große Trittsiegel, in denen drei oder vier Zehen erkennbar sind. 1. Zehe stark reduziert und stumpf. 3. Zehe 7 cm lang. Gesamte Trittsiegel über 14 cm lang und 12 cm breit. 2. und 4. Zehe nahezu gleich lang und fast im rechten Winkel zur 3. Zehe stehend. Mittelfußballen tief in Spur eingedrückt. Die stumpfen, abgerundeten Krallenabdrücke stehen normalerweise direkt am Zehenabdruck. **VORKOMMEN** Auf Schlammflächen in Feuchtgebieten. **WISSENSWERTES** Die leicht seitwärts eingedrehten Tritte bilden eine unregelmäßige Reihe entlang der Spurmitte. In Abhängigkeit von der Laufgeschwindigkeit reicht die Schrittlänge im Gehen von 10–40 cm und erreicht beim schnellen Lauf über 1,5 m. Weißstörche und ihre Verwandten haben ausgeprägte Schreitfüße, die sich ideal zum Schreiten und Stehen, aber nicht zum Umgreifen eignen. Deshalb nehmen Störche als Ruheplätze nur breitere Unterlagen und – auch wegen ihres Gewichts – keine dünnen Äste an. Storchentrittsiegel finden sich eher an Stellen, an denen sich die Suche nach kleinen Wirbeltieren lohnt, weniger an Fischteichen.

Graureiher

— Ardea cinerea

› Krallenabdrücke klein
› Spur geradlinig
› 1. Zehe sehr lang

MERKMALE Asymmetrische, große bis sehr große Trittsiegel mit meist vier Zehen. Länge 13–17 cm, Breite 8–9 cm. 3. Zehe über 7,5 cm, meist über 8 cm lang. 1. Zehe sehr lang, oft über 5 cm. Die 2. und die 4. Zehe deutlich nach vorn gerichtet. Oft kleine Schwimmhaut zwischen der 3. und 4. Zehe erkennbar. Die 2. Zehe kleiner als die 4. Zehe. Verhältnismäßig kleine Metatarsalregion. Krallenabdrücke sehr klein und stumpf, direkt an Zehenballen ansetzend. **VORKOMMEN** An feuchten Gewässerufern und auf Feldern im Schnee. **WISSENSWERTES** Beim Gehen zeigen die Tritte gerade nach vorn. Die Spur ist geradlinig, ohne Schränkung über der Spurmitte. Die Schrittlänge von 50–60 cm bis auf über 1 m ansteigend, wobei schnelles Laufen nur selten vorkommt. Bei der häufigen »Pirschjagd« auf Mäuse schreitet der Graureiher mit schräg nach vorn gestrecktem Hals und steifen Schritten langsam voran. Weil seine Nahrungspalette sehr breit ist, sollte er nicht »Fischreiher« genannt werden. Trotz ihrer Größe werden ruhig verharrende Graureiher leicht übersehen.

Graugans
— Anser anser

› Schwimmhäute
› größer als Enten
› Füße nach innen gedreht

MERKMALE Deutlich größere Trittsiegel als die der ähnlichen Enten mit drei nach vorn gerichteten Zehen, die durch eine Schwimmhaut miteinander verbunden sind. Die Mittelzehe ist mit 8,5–9,5 cm am längsten und gerade. Die beiden Außenzehen sind leicht nach innen gebogen. Die kurze Hinterzehe hinterlässt im Abdruck eine feine Rinne. Trittlänge 10–12 cm, Trittbreite 8–10 cm. Beim Gehen werden die Füße nach innen gedreht. **VORKOMMEN** An Gewässerufern in Niederungsgebieten. **WISSENSWERTES** Da Gänse zur Nahrungssuche oft auf Felder und Wiesen fliegen, kann man die Spuren der Graugänse wie der anderen Arten auch weitab von Gewässern finden. Zwischen den regelmäßig benutzten Ruhe- und Nahrungsgründen der Graugänse können große Entfernungen liegen. Dabei spielt sowohl die Verfügbarkeit der Nahrung als auch das Sicherheitsbedürfnis der Tiere eine Rolle. Sind Graugänse länger in der Luft unterwegs, fliegen sie energiesparend in V-Formation. Die Graugans-Trittsiegel ähneln weitgehend denen des Höckerschwans, sie sind aber um ein Drittel bis um die Hälfte kürzer.

Blässhuhn
— Fulica atra

› schlanke Zehen
› Krallen oft abgesetzt
› Schwimmlappen abgedrückt

MERKMALE Große bis sehr große, asymmetrische Tritte; fast immer mit vier sehr schlanken Zehen. 1. Zehe einwärts gekrümmt. Gesamtlänge 14–15 cm zusammen mit der langen, an der 1. Zehe ansitzenden Kralle, aber ohne die kleineren, zugespitzten und häufig abgesetzten Krallen der 2. bis 4. Zehe. Breite der Trittspur 11–12 cm. 3. Zehe 10–11 cm lang, 1. Zehe 3,5–4,5 cm. Mittelfußregion sehr klein. **VORKOMMEN** An schlammigen Gewässerufern und auf Schnee an Gewässern und auf Eis. **WISSENSWERTES** Die einzelnen Tritte folgen in dichten Schlangenlinien aufeinander. Sie sind leicht nach innen gekehrt und überlappen sich manchmal etwas. Die Schwimmlappen an den 2. bis 4. Zehen sind nicht immer deutlich abgedrückt. Im Winter bilden Blässhühner oft große Schwärme, aus denen sich im Frühjahr die Paare herauslösen. Auch im Sommer bleiben die Nichtbrüter in Trupps zusammen. Daher können sich fast ganzjährig an einer Stelle zahlreiche Spuren finden.

Wildkaninchen
— Oryctolagus cuniculus

› Nagespuren an unteren Holzteilen
› mit Zahnmarken
› Kotpillen vor Ort

MERKMALE Im Winter großflächige Nagespuren im unteren Teil von kleineren Bäumen und Sträuchern. Zahnmarken im Holz, die aussehen, als ob ein Tier mit vier schmalen Zähnen im Oberkiefer und zwei breiten Zähnen im Unterkiefer am Werk gewesen wäre. Oft typische Kotpillen um die Verbissstellen am Boden. **VORKOMMEN** Im Wald, am Waldrand, in Feldgehölzen, Parkanlagen und in Gärten. **WISSENSWERTES** Die Nagespuren von Wildkaninchen und Feldhase sind kaum zu unterscheiden. Sicherstes Erkennungsmerkmal sind die herumliegenden Kotpillen (siehe Seite 54/55). Beide Schneidezähne im Oberkiefer besitzen eine tiefe Längsfurche, die in der Zahnspur einen schmalen Rindenstreifen hinterlässt, sodass die Spur aussieht, als würde sie von vier Zähnen stammen. Wildkaninchen fallen nicht nur über Salat und Gemüse her, sondern knabbern auch gleich herdenweise unsere Zierpflanzen an. Deshalb sind sie im Siedlungsraum oft wenig beliebt – und das trotz ihres putzigen Aussehens mit rundem »Kindergesicht« und Knopfaugen. Im Sommer abgebissene kleine Zweige sehen wie abgeschnitten aus.

Rötelmaus
— Clethrionomys glareolus

› Äste und Stämme völlig entrindet
› Bast als Nahrung
› Kork als Abfall

MERKMALE Große Teile von größeren Ästen und Stämmen völlig entrindet und wie gebleicht wirkend, weithin leuchtend; am Boden viele kleine Rindenstücke. **VORKOMMEN** Vor allem im Wald im Frühjahr. **WISSENSWERTES** Rötelmäuse fressen den inneren Teil der lebenden Rinde, den Bast. Die äußere Korkschicht ist Abfall. Neben Laubbäumen benagen sie auch Nadelbäume. Ihre Nahrung besteht sonst aus Kräutern, Gräsern, Pilzen, Moosen, Sämereien, Wurzeln und Insekten. Rötelmäuse sammeln auch Vorräte und räubern Kleinvogelnester am Boden aus. Bei hoher Populationsdichte der Rötelmäuse können erhebliche forstliche Schäden durch Benagen von Jungbäumen entstehen. Wie alle Wühlmausarten legen Rötelmäuse ihre Baue unterirdisch an. Ihre Gänge verlaufen oberflächennah und enden in der Laubschicht. Die Weibchen bringen in zwei bis vier Würfen jährlich je zwei bis acht Junge zur Welt. Von den oft zahlreich vorkommenden Rötelmäusen ernähren sich Waldkauz, Marder und Wildkatze als ihre Hauptfeinde.

Biber

— Castor fiber

- benagter Baum
- viele Holzspäne am Stammfuß
- in Gewässernähe

MERKMALE Etwa 0,5 m über dem Boden (bei dicken Stämmen) von allen Seiten sanduhrförmig benagter Baum und zahlreiche Holzspäne von ca. 4 cm Breite und 10 cm Länge am Stammfuß. **VORKOMMEN** In Auwäldern, entlang von Fließgewässern, immer in Wassernähe. **WISSENSWERTES** Während im Sommer Biber von Wasser- und Sumpfpflanzen, Blättern sowie Zweigen leben, verzehren sie im Winter hauptsächlich Rinde, bevorzugt von Zitterpappeln, Weiden und Birken. Dazu und zum Bau ihrer Burgen und Dämme (siehe Seite 64/65) fällen sie Bäume, die ab einer bestimmten Dicke rundseitig, sonst einseitig benagt werden. Von den gefällten Bäumen werden die Zweige abgebissen und als Wintervorrat ins Gewässer und den Bau geschleppt. Der größte Teil ihrer Aktivitäten bleibt auf die Uferbereiche ihrer Wohngewässer begrenzt. Der Biber ist das größte Nagetier Europas. Er wird gelegentlich mit dem Nutria oder der Bisamratte verwechselt. Beide sind jedoch kleiner bzw. viel kleiner als der Biber und sie besitzen – im Gegensatz zum breiten Biberschwanz, der Biberkelle – nur einen schmalen Schwanz.

Eichhörnchen

— Sciurus vulgaris

- Zapfenspindeln zerfranst, noch mit Schuppenkopf
- abgerissene Schuppen

MERKMALE Am Boden oder auf einem Baumstrunk herumliegende Zapfenspindeln, die »unordentlich« zerfranst aussehen; an der Spitze mit stehen gelassenem Schuppenschopf; abgerissene Schuppen liegen daneben. **VORKOMMEN** Wälder, Parks und Gärten mit fruchtenden Nadelbäumen. **WISSENSWERTES** Das Eichhörnchen beißt die Zapfen zunächst vom Zweig ab und setzt sich dann zum Verzehr auf einen Ast oder Baumstubben. Beim Benagen hält es den Zapfen mit den Vorderfüßen schräg und dreht ihn ständig. Es beginnt am unteren Teil des Zapfens und reißt die Samenschuppen mit den Zähnen ganz aus. Die oberen sterilen Schuppen bleiben unberührt. Dagegen nagen Mäuse die Schuppen sorgfältig ab. Weil sie auf Baumsamen angewiesen sind, ist für Eichhörnchen das Alter der Bäume weit wichtiger als die Zusammensetzung des Walds mit verschiedenen Baumarten. Eichhörnchen kommen nur dort dauerhaft vor, wo das Samenangebot übers Jahr nie ganz versiegt.

Buntspecht
— Dendrocopos major

› eingeklemmter Zapfen
› Zapfen an Spitze zerhackt
› leere Nüsse (Schalen) am Stammfuß

MERKMALE Spalte oder Loch in Baumstämmen, Ästen oder Astgabeln mit eingeklemmten Zapfen (hier ein bearbeiteter Kiefernzapfen). Unter eigens gezimmerten Schmieden oft große Mengen entleerter Zapfen, auch Nüsse und Obstkerne. **VORKOMMEN** Im Revier des Buntspechts an Laub-, Nadel-, Obstbäumen oder Baumstümpfen. **WISSENSWERTES** Der Buntspecht benutzt drei Arten von Schmieden: Neben Klemmschmieden in natürlichen Rissen und Löchern gibt es Gabelschmieden in Astgabeln und selbst gehackte Nischenschmieden. Das Hacken einer Nischenschmiede bedeutet nicht nur Werkzeuggebrauch, sondern auch Werkzeugherstellung – eine Verhaltensweise, die bei Vögeln nur sehr selten vorkommt. Der Buntspecht hält sich mit einem Fuß am Zweig fest, fixiert mit dem anderen den Zapfen am Grund und hackt ihn mit Schnabelhieben ab. Dann transportiert er ihn im Schnabel zur Schmiede. Dort zerhackt der Buntspecht den Zapfen von der Spitze her, reißt die Schuppen heraus und holt sich mit seiner klebrigen Zunge die Samen. Ist die vordere Zapfenhälfte leer gefressen, wird sie in der Schmiede gedreht.

Grünspecht
— Picus viridis

› trichterförmiges Loch im Ameisenhaufen
› am Waldrand und nur im Winter

MERKMALE Waldameisenhaufen, in den ein bis 75 cm tiefer Gang gehackt ist. **VORKOMMEN** Vor allem an Waldrändern oder in Wäldern an Wegrändern, im Winter. **WISSENSWERTES** Neben dem Wendehals ist der Grünspecht unter den einheimischen Spechten der ausgeprägteste Spezialist für Ameisen. Beide suchen ihre Nahrung bevorzugt am Boden. Dazu schlägt der Grünspecht mit dem Schnabel trichterförmige Löcher in Ameisennester und weiche Baumstubben, aus denen er mit seiner bis zu 10 cm langen, an der Spitze verhornten und mit Widerhaken versehenen Klebezunge vor allem Ameisenpuppen und -larven herausholt. Während der Wendehals als einziger heimischer Specht Langstreckenzieher ist und den Winter im tropischen Afrika verbringt, deckt der Grünspecht seinen winterlichen Nahrungsbedarf vor allem mit Waldameisen, sonst hauptsächlich mit Wiesenameisen. Parkartige Landschaften am Rande von Laub(misch)wäldern, vor allem Streuobstgebiete, sind seine bevorzugten Brutgebiete.

Bisam

— *Ondatra zibethicus*

› geöffnete Muscheln
› Muschelränder aufgenagt
› an der Wasserlinie

MERKMALE Muschelfraßplatz: Größere Haufen vom Rand her aufgenagter Schalen von Süßwassermuscheln, vor allem Maler- und Teichmuscheln. **VORKOMMEN** An der Wasserlinie von Gewässern, vor allem von Altwässern und Teichen. **WISSENSWERTES** Während der meist dämmerungs- und nachtaktive Bisam sich in der Vegetationsperiode fast ausschließlich von Pflanzenteilen ernährt, wie z. B. Wasserpflanzen, Wurzeln, Rinde, Kräuter oder Obst, frisst er im Winter bevorzugt Muscheln, die er an der Wasserlinie aufbeißt und verzehrt. Bis über 1000 ausgefressene Muschelgehäuse, vor allem von Maler- und Teichmuscheln, können sich im Verlauf des Winters an einem Fraßplatz anhäufen. Restbestände seltener Arten können durch den ursprünglich nicht heimischen Bisam gefährdet sein. Der kaninchengroße, aus Nordamerika stammende Nager wurde zuerst im Jahr 1905 bei Prag ausgesetzt. Von dort und unterstützt durch andere Aussetzungen verbreitete sich diese große ans Wasserleben bestens angepasste Wühlmaus über ganz Europa.

Singdrossel

— *Turdus philomelos*

› leere Schneckenhäuser
› zertrümmerte Schalen
› an und auf Steinen

MERKMALE Eine größere Ansammlung leerer, zertrümmerter Schneckenhäuser von Baum- und Schnirkelschnecken auf dem Boden um Steine, auf Baumstümpfen, liegenden Ästen oder Stämmen – die sogenannte Drosselschmiede. **VORKOMMEN** An Waldrändern und Wegen von unterholzreichen Laub-, Misch- und Auwäldern, aber auch an Feldgehölzen, in Gärten und Parks mit Baumbestand. **WISSENSWERTES** Die Singdrossel öffnet Gehäuseschnecken, indem sie das Schneckenhaus am Mündungsrand im Schnabel einklemmt, zu einer festen Unterlage (Stein, Holz) bringt und dort zertrümmert. Um einen geeigneten »Amboss« können sich viele Gehäuse ansammeln. Artgenossen und vor allem Amseln eilen oft herbei, um ihr die freigelegte Nahrung zu stehlen. Singdrosseln nehmen mehr als unsere anderen Drosselarten – Amsel, Wacholder- und Rotdrossel – Gehäuseschnecken auf. Von Drosseln bearbeitete Schneckenhäuser sind mehr oder weniger zertrümmert. Dagegen nagen Rötelmäuse die Gehäuse entlang der Spindel auf.

Habicht
— Accipiter gentilis

› Vogelfedern, zerstreut unter Bäumen, in Gebüsch am Boden
› Federkiele geknickt

MERKMALE Charakteristische geknickte Federkiele (Greifvogelrupfung), nicht abgebissen (Säugetier als Beutegreifer); Größe der Beute und Fundort: am Boden in einer Deckung; meist Reste mittelgroßer Beutetiere (hier: Ringeltaube). **VORKOMMEN** Jagdgebiete in abwechslungsreicher Landschaft mit Deckungsmöglichkeiten. **WISSENSWERTES** Habichte jagen von einer erhöhten Warte aus oder ergreifen ihre Beute im Pirschflug. Trotz breitem Beutespektrum besteht ihre Vorzugsbeute nur aus wenigen, im Jagdgebiet häufigen Arten. Zum Beuteverzehr fliegt der Habicht in ein Versteck und beginnt dort, am Boden zu rupfen. Wird er beim Verzehr nicht gestört, bleiben – wie hier – nur noch Federn zurück. Die größeren, kräftigeren Habichtweibchen schlagen meist auch größere Beute bis zu Hühner- und Feldhasengröße. Dagegen begnügen sich die kleineren und schwächeren Männchen mit kleineren Beutetieren. Ganz oben im Beutespektrum des Habichts finden sich neben Tauben und Rabenvögeln vor allem auch drosselgroße Singvögel.

Sperber
— Accipiter nisus

› Rupfung auf Baumstamm oder -stumpf
› Vogelbeute bis Drosselgröße

MERKMALE Ähnlich Habicht, jedoch feste Rupfplätze auf Baumstümpfen oder umgestürzten Bäumen. **VORKOMMEN** Strukturreiche Landschaften mit Wechsel von Wäldern, Hecken, Buschgelände. Jagt im Winter auch in Ortsnähe. **WISSENSWERTES** Sperber sind wie der Habicht Überraschungsjäger. Sie jagen vor allem Kleinvögel bis Drosselgröße, seltener Kleinsäuger. Wie Habichte rupfen Sperber bei den Beutevögeln Klein- und Großgefieder. Die kleineren Männchen erbeuten oft kleinere Beutetiere als die viel größeren Weibchen. Der gerupfte Kuckuck (Abbildung) wurde wohl von einem Weibchen geschlagen. Aus der Deckung heraus verfolgen die Sprintjäger ihre Vogelbeute über kurze Strecken mit Hochgeschwindigkeit. Das Auftauchen des Sperbers wird meist durch intensives hohes Warnen der Kleinvögel angekündigt. Die Sperbermännchen versorgen schon mit Beginn der Eiablage ihre Weibchen mit Nahrung. Als die besseren Jäger übernehmen sie bis zum Heranwachsen der Nestlinge praktisch die Rolle des Alleinversorgers.

Neuntöter
— Lanius collurio

› Maus, Käfer, Eidechse, aufgespießt auf Dornen oder Stacheldraht
› am Heckenrand

MERKMALE Insekten, Kleinsäuger, Reptilien auf Zweige, Dornen einer Hecke oder auf Stacheldraht gespießt. Vor allem Jungvögel werden mit dem Hals in enge Zweiggabelungen geklemmt. **VORKOMMEN** Offenes Gelände mit Dornensträuchern und Hecken, entlang von Feldwegen und Bahndämmen, auf Moor- und Heideflächen, in Baumgruppen, Obstgärten und an Waldrändern. **WISSENSWERTES** Der Neuntöter spießt die Beute nicht aus »Mordlust«, sondern aus ökonomischen Gründen auf. Größere Happen, die nicht auf einmal gefressen werden können, dienen so als Vorrat. Er jagt von erhöhten Warten – Weidezäunen, Büschen – in flachem Stoßflug vor allem nach Großinsekten, aber auch nach kleinen Reptilien, Vogeljungen und selten Kleinsäugern. Neben der Lebensraumzerstörung durch Abholzen von Hecken sowie Pestizideinsatz (Verlust von Großinsekten) ist für die Bestandsentwicklung dieser Wärme liebenden Art vor allem die Witterung zur Brutzeit (Mitte Mai bis Anfang Juni) entscheidend. Die Klimaerwärmung trägt zur Zunahme seiner Bestände bei. Der größere Raubwürger klemmt seine Beute häufiger in Astgabeln und Rindenspalten.

Sperlingskauz
— Glaucidium passerinum

› toter Kleinvogel, tote Maus
› als Vorrat auf dem Ast eines Nadelbaums liegend

MERKMALE Im Sommer offen auf Ästen und Astgabeln liegende tote Kleinvögel oder Kleinsäuger. **VORKOMMEN** Ausgedehnte, vielstufige Wälder mit hohem Anteil an Nadel- und Althölzern und ausreichendem Höhlenangebot, mit Lichtungen, Freiflächen, Moorrändern. **WISSENSWERTES** Der Sperlingskauz ist unsere kleinste Eule. Er jagt vorwiegend Kleinsäuger wie Erd-, Rötel-, Waldspitzmäuse und Kleinvögel, vor allem Finken und Meisen. Er fängt die Beute unabhängig von seiner Sättigung und deponiert den Überschuss im Sommer einzeln und offen, im Winter gehäuft – bis über 80 Beutetiere – in Baumhöhlen. In kalten Wintern taut er die gefrorene Beute unter dem Bauchgefieder auf. Früher nur in höheren Lagen nachgewiesen, kommt der Sperlingskauz bei uns heute auch in vielen Mittelgebirgen vor. Er fliegt bogenförmig wie ein Specht. Die häufig übersehene Kleineule macht sich im Herbst vor allem durch ihr monotonen Reviergesang – ansteigende »Tonleiter« – bemerkbar. Kleinvögel reagieren darauf mit heftigen Rufreaktionen.

Buchdrucker

— Ips typographus

› Fraßgänge unter der Rinde
› geradlinige Gänge tiefer, gewundene Gänge seitlich abzweigend

MERKMALE Charakteristische Gangsysteme im Holz unter der Rinde mit tieferen, geraden und seitlich abzweigenden, gewundenen Gängen. **VORKOMMEN** Vor allem in Fichtenmonokulturen, dort oft massenhaft. **WISSENSWERTES** Bei Massenauftreten wird der Buchdrucker zum Schädling. Nach dem Schwärmen im Frühjahr nagt sich das Männchen durch die Rinde und baut eine »Rammelkammer« zur Paarung. Von dort nagt das Weibchen »Muttergänge« in die Rindenschicht, in die es 50–100 Eier legt. Die ausgeschlüpften Larven fressen senkrecht zum Muttergang, ihrem Wachstum entsprechend, immer breitere, gewundene Gänge, an deren Ende sie sich verpuppen und ins Freie bohren. Durch die Bohr- und Fraßtätigkeit wird die Saftleitung der Bäume unterbrochen, sodass sie langsam absterben. Borkenkäfer werden als Forstschädlinge oft gezielt mit Lockfallen bekämpft. Ein Duftstoff lockt die im Frühling schwärmenden Käfer durch die lamellenartigen Einflugschlitze der Borkenkäfer-Falle in einen Auffangbehälter, aus dem sie nicht entkommen können.

Haselblattroller

— Apoderus cotyli

› herausgefressenes Blattgewebe
› oft nur noch Blattrippen übrig
› vor allem Hasel und Erle

MERKMALE Aus Blättern herausgefressene Blattgewebe, oft nur die Blattrippen zurückbleibend. **VORKOMMEN** An verschiedenen Laubbaumarten, vor allem an Hasel und Erle. **WISSENSWERTES** Der 6–8 mm große, rötlich gefärbte Haselblattroller frisst im Gegensatz zu Schmetterlingsraupen, die meist vom Blattrand her fressen, das Blattgewebe aus den Blättern heraus. Das Weibchen legt je ein bis zwei Eier in zigarrenförmig zur Mittelrippe eingerollte Blätter, die es zuvor von der Außenkante her zerteilt hat. Diese »Brutwickel« bleiben am Busch hängen. Die Larven fressen die inneren, länger frisch bleibenden Schichten und verpuppen sich. Die Jungkäfer schlüpfen Ende Juni, um sofort über die Blätter ihres Brutbuschs herzufallen. Die Blattroller bilden eine eigene Familie mit 28 bei uns vorkommenden Arten. Ihre deutschen Namen tragen sie oft nach der Form ihrer Blattrolle oder der Pflanzenart, von der sie leben. So gibt es u. a. Birkenblatt-, Eichenblatt- oder Zigarrenroller.

Langohr

— *Plecotus* spec.

› Fledermauskot und Falterflügel, oft von Kleinem Fuchs, Hausmutter
› auf Dachböden, unter Durchgängen

MERKMALE An geschützten, jedoch gut im Flug erreichbaren Stellen am Boden liegende Falterflügel von Nacht- und Tagschmetterlingen – vor allem von Eulenschmetterlingen wie Hausmutter und häufigen Tagfaltern wie Tagpfauenauge und Kleinem Fuchs. **VORKOMMEN** Unter Überdachungen an Gebäuden, in Wandelgängen, auf Dachböden von Gebäuden u. Ä. im Siedlungsraum, z. T. auch in größeren Städten. **WISSENSWERTES** Langohr-Fledermäuse sind auf das Ablesen (»gleaning«) von Wirbellosen auf verschiedenen Substraten wie Laub, Baumrinde, Hauswände sowie vom Erdboden spezialisiert. Gut 50 Prozent ihrer Nahrung erwerben Langohren auf diese Weise, den Rest erbeuten sie in der Luft durch Verfolgung fliegender Insekten. Größere Beutetiere werden von Langohren im Maul zu festen, geschützten Fraßplätzen transportiert. Dort beginnen sie, an den Füßen hängend, kopfunter mit dem Verzehr, wobei die unbrauchbaren Falterflügel abgebissen werden und zu Boden trudeln. Sie bieten uns einen Einblick in die Langohr-Speisekarte.

Schnecken

— Bild. Spanische Wegschnecke

› Löcher in Blättern, Pflanze völlig kahl gefressen
› Schleimspuren und Kot an Pflanzen

MERKMALE Löcher oder Kahlstellen an Blättern, auch völlig kahl gefressene Pflanzen. Auf den übrig gebliebenen Blattteilen oft silbrig glänzender Überzug und anklebender, feucht glänzender weicher Kot. **VORKOMMEN** Unterschiedlichste Wild-, Nutz- und Zierpflanzen, oft an Salat im Garten. **WISSENSWERTES** Schnecken raspeln Pflanzenteile mit ihrer Reibezunge ab und hinterlassen beim Kriechen stets Schleimspuren. Sie zeigen eine Vorliebe für junge, zarte oder verletzte Pflanzen. Deshalb sind einige Pflanzen völlig zerfressen, andere dagegen unversehrt. Gegen Schneckenfraß schützen kombinierte Maßnahmen wie Bodenlockerung, Mulchen, Köder, richtige Bewässerung u. Ä., die aber allesamt keine Erfolgsgarantie gegen Schneckeninvasionen bieten. Die Schleimspuren auf den Blättern zeugen von der Kriechtechnik der Landschnecken. Im »Schneckengang« bewegen sie sich durch wellenartige Muskelbewegungen des Fußes auf einem Schleimfilm fort, der von ihrer Sohle gebildet wird.

Waldkauz
— *Strix aluco*

› aschgrau, zugespitzt
› unregelmäßige Oberfläche
› hervorstehende Knochenteile

MERKMALE Aschgrau, zylindrisch, meist 4–6 cm lang und 2–3 cm dick, an einem oder beiden Enden etwas zugespitzt; häufig schwach gekrümmt; unregelmäßige Oberfläche, Knochenstücke oft hervorstehend; Inhalt hauptsächlich Teile von Wühlmäusen und Mäusen, auch Teile von Vögeln und Insekten. **VORKOMMEN** Strukturreiche Landschaften mit Wäldern und Baumgruppen, auch in Parkanlagen, Friedhöfen, Alleen und Gärten mit altem Baumbestand, selbst in Großstädten; Gewölle meist gehäuft unter Schlafplätzen. **WISSENSWERTES** Waldkäuze haben vielseitige Jagdmethoden. Sie schlagen ihre Beute aus dem Suchflug, vom Ansitz aus, ergreifen sie am Boden oder sogar aus dem Wasser (Fische, Amphibien, Krebse und Weichtiere). Häufig werden Kleinvögel am Schlafplatz aufgeschreckt und im Flug gefangen. Auch Fledermäuse werden von Waldkäuzen erbeutet. Das kann in Einzelfällen zur Auflösung von Mausohrkolonien führen. Die dämmerungs- und nachtaktiven Jäger können bis zu 500 g schwere Beute packen. In strengen Wintern stellen sie sich fast ganz auf den Vogelfang ein.

Schleiereule
— *Tyto alba*

› glatt, abgerundet, wie lackiert
› Knochenteile äußerlich nicht erkennbar

MERKMALE Groß, glatt, zylindrisch, an Enden abgerundet; 2–8 cm lang, 2,5–3,5 cm dick; im frischen Zustand dunkel, schwarzgrau und glänzend, wie lackiert; Knochenstücke von außen oft nicht erkennbar. **VORKOMMEN** Meist an den Brut- oder Schlafplätzen in Kirchen, Scheunen, Ruinen. **WISSENSWERTES** Die glatte Oberfläche der Schleiereulengewölle besteht aus einem Speichelüberzug. Die Art erbeutet hauptsächlich Kleinsäuger, vor allem Feldmäuse. Schleiereulenbestände werden durch das Nahrungsangebot an Mäusen reguliert. Weil sie ab dem ersten gelegten Ei brüten, schlüpfen die jungen Schleiereulen nicht gleichzeitig, sondern zeitlich versetzt nacheinander (asynchron). Deshalb ist bei Schleiereulenbruten der Größenunterschied der Jungeulen stark ausgeprägt. In guten Mäusejahren mit großen Gelegen und hohem Bruterfolg erinnern die bis zu zwölf Jungen in ihren unterschiedlichen Entwicklungsstadien und Größen an die Orgelpfeifen in der Kirche, in deren Turm sie groß werden.

Mäusebussard

— Buteo buteo

› groß, elliptisch
› hauptsächlich Haare
› unter erhöhten Plätzen

MERKMALE Groß und elliptisch, 6–7 cm lang und etwa 2,5–3 cm dick, grau; hauptsächlich aus zusammengepressten Haaren bestehend, auch Federn; wenige oder gar keine Knochenstücke. **VORKOMMEN** Weitverbreitet im offenen Kulturland; Brutplätze im geschlossenen Wald meist in Randlagen; Gewölle unter Pfählen, Ästen, manchmal unter Horsten. **WISSENSWERTES** Häufigster Greifvogel. Erbeutet hauptsächlich Kleinsäuger. Beute wird mit Ausnahme von sehr kleinen Tieren in Stücke zerlegt. In Greifvögelgewöllen im Gegensatz zu Eulengewöllen kaum Knochen. Greifvögel rupfen Beutetiere und nehmen so schon weniger Knochen auf; zudem Auflösung der Knochen durch scharfen Magensaft. Hauptnahrung des Mäusebussards sind Feldmäuse (Wühlmäuse). Doch auch andere Kleinsäuger (Langschwanzmäuse, Spitzmäuse, Hamster) oder junge Kaninchen und Hasen werden ergriffen. Von der Verfügbarkeit der Feldmäuse hängen jedoch – ähnlich der Schleiereule – Gelegegröße und Bruterfolg beim Mäusebussard ab. Gewölle verschiedener Greifvögel unterscheiden sich am ehesten durch ihre Größe.

Neuntöter

— Lanius collurio

› dunkel und klein
› mit Chitinteilen
› unter Hecken/Weidezäunen

MERKMALE Speiballen klein, länglich, dunkel glänzend, zerfallen sehr leicht; hauptsächlich aus unverdaulichen Chitinresten von Insekten bestehend. **VORKOMMEN** An Jagd- und Brutplätzen oder Warten in offenen Buschlandschaften, Waldrändern, Schonungen, Dornhecken, Weidezäunen; Entdeckung schwierig. **WISSENSWERTES** Neben Greifvögeln und Eulen würgen auch andere Vogelgruppen die harten, unverdaulichen Reste der Nahrung als Gewölle aus: Reiher, Störche, Watvögel, Möwen, Krähen, Eisvögel, Würger und insektenfressende Kleinvögel. Würger- und Eisvogelgewölle sind unverwechselbar, Krähen- und Möwengewölle je nach Nahrungszusammensetzung unterschiedlich. Neuntöter erbeuten neben Großinsekten auch kleine Wirbeltiere (Reptilien, Kleinsäuger, Vogelnestlinge). Weidezäune und herausragende Zweige von Büschen sind beliebte Ansitzwarten des Neuntöters, der greifvogelähnlich im flachen Stoßflug Beute jagt. Ähnliches Verhalten zeigt der bei uns noch seltenere Raubwürger.

2
3

Krähen

— *Corvus* spec.

› eiförmig bis elliptisch
› am Ende ausgezogen
› sehr unterschiedliche Inhalte

MERKMALE Etwa 3–7 cm lang und ca. 2 cm dick. In Farbe und Zustand je nach Zusammensetzung der aufgenommenen Nahrung sehr stark variierend; bei Pflanzenresten hell, lose und leicht zerfallend, bei tierischen Resten dunkler und fester. Aaskrähengewölle sind mittelgroß bis groß, eiförmig oder elliptisch und enthalten Samen sowie Insekten- und Wirbeltierreste, aber kaum größere Knochenteile. Die kleineren Saatkrähengewölle sind elliptisch, an einem Ende ausgezogen, fest und enthalten oft neben Knochen- und Federteilen kleine Steinchen und Pflanzenreste, vor allem Samen. **VORKOMMEN** An den Futterplätzen der Tiere sowie unter ihren Brutbäumen; in Saatkrähenkolonien oft in größeren Mengen. **WISSENSWERTES** Saatkrähen (Abbildung) ernähren sich stärker pflanzlich als Aaskrähen und bevorzugen insbesondere keimende Körner. Bei vorwiegendem Verzehr von Getreidespelzen sind ihre Gewölle gelb gefärbt. Unter ihren Kolonien in Städten auf Parkbäumen kann man leicht ihre Gewölle finden. Die in den Gewöllen enthaltenen Steinchen wurden im Kropf zum Zermahlen der Sämereien benutzt.

Möwen

— *Larus* spec.

› kugelförmig bis zylindrisch
› fester oder lockerer
› mit Wassertierresten

MERKMALE In der Regel sind die Speiballen von Möwen kugelförmig bis kurz zylindrisch und an einem Ende etwas angespitzt. Je nach Nahrungszusammensetzung sind die Gewölle fester oder lockerer und zerfallen dann leicht. Die Speiballen von Silber-, Weißkopf- und Heringsmöwen sind ca. 3,5–5,5 cm lang und 2–3 cm dick. Sie enthalten Überreste von Muscheln und Krebsen, Fischgräten und -schuppen sowie Reste von Zivilisationsmüll (wie Plastik, Draht). **VORKOMMEN** In den Kolonien, an den Schlafplätzen am Strand; im Binnenland auf Müllkippen. **WISSENSWERTES** Möwengewölle mit Fischresten und anderen tierischen Bestandteilen fallen nicht so leicht auseinander wie Speiballen mit Sameninhalten. Wo Silbermöwen in Getreidefeldern einfielen, können ihre Gewölle ausschließlich aus Getreidespelzen bestehen. Die etwas kleineren Gewölle der binnenländischen Lachmöwen (Abbildung) enthalten auch Knochen und Chitinteile. Auch Großmöwen kommen an einigen binnenländischen Gewässern regelmäßig vor.

Steinmarder
— *Martes foina*

- wurstförmig, spiralig gedreht
- ein Ende zugespitzt
- unangenehm riechend

MERKMALE Wurstförmige, spiralig gedrehte und an einem Ende zugespitzte Losung; etwa 8–10 cm lang und 1–1,2 cm dick; unangenehmer Geruch; Inhalt aus Haaren, Federn, Knochensplittern bestehend; im Spätsommer auch Beerenreste sowie Steine von Pflaumen und Kirschen enthaltend; Farbe dadurch variierend, meist dunkelgrau bis schwarz. **VORKOMMEN** In den Quartieren des Steinmarders, z. B. auf Dachböden von Häusern oder Kirchen, oft auf erhöhten Plätzen wie Kisten; auch im Motorraum von Autos. **WISSENSWERTES** Steinmarder sind ausgesprochene Kulturfolger. In Europa besiedeln sie fast alle Landschaftstypen, neben Ackerland und Wäldern auch Parks, Gärten und den gesamten Siedlungsraum. Ihre Nahrung ist äußerst vielseitig und reicht von Vögeln, Eiern, Insekten und Regenwürmern bis zu Früchten, die im Sommer einen Anteil von 80 Prozent ausmachen können. Steinmarder benutzen Latrinenplätze, an denen sich große Kotmengen ansammeln. Die Losung von Baummardern hat einen angenehmeren Moschusgeruch. Sie findet sich v. a. auf Baumstümpfen und liegenden Baumstämmen.

Igel
— *Erinaceus europaeus*

- walzenförmig, klein
- glänzend schwarz
- Insektenreste innen

MERKMALE Walzenförmig, normalerweise glänzend schwarz, an einem Ende zugespitzt; etwa 8–10 mm dick und 3–4 cm lang; Inhalt vor allem aus Insektenresten bestehend; daher glänzt die Oberfläche durch die Chitinteile. Der Kot enthält manchmal kleine Knochenstücke und Haare; im Spätsommer und im Herbst enthält er oft auch Beerenreste. **VORKOMMEN** In Gärten, Parks, an Waldrändern und Feldgehölzen. **WISSENSWERTES** Nach dem Verzehr eines Wirbeltieres (Maus, Vogel) wird der Igelkot matt, gedreht und dünn und ist dann leicht mit Losungen von Mauswiesel, Hermelin oder Iltis zu verwechseln. Die breite Nahrungspalette des Igels besteht aus Insekten, kleinen Wirbeltieren, Kadavern, Fallobst, Beeren, Pilzen u. a. Der Allesfresser mit Neigung zu Insektenkost ist besonders in Dörfern und Stadtteilen mit vielen Gärten häufig. Dort ziehen ihn Komposthaufen, Futternäpfe von Hunden und Katzen sowie Nacktschnecken an. Viele Igel kommen im Straßenverkehr um. Ihre Verteidigungsstrategie, das Zusammenrollen, nützt ihnen hier nichts.

Fledermaus

— Verschiedene Gattungen und Arten

› klein, krümelig
› frisch glänzend, alt stumpf
› unter Hangplätzen

MERKMALE Klein, erinnert an Mäusekot, jedoch nicht faserig, sondern krümelig und ausschließlich aus unverdaulichen Resten von Insekten und Spinnen bestehend; im frischen Zustand oft glänzend schwarzbräunlich; älterer Kot zerbröselt, von graubräunlicher, stumpfer Farbe. **VORKOMMEN** Unter bevorzugten Hangplätzen auf Dachböden, in Türmen, hinter Fensterläden, auf Simsen unterhalb von außen zugängigen Spalten an Gebäuden, an Wänden um den Einschlupf, unterhalb von Fraßplätzen. **WISSENSWERTES** Aufgrund der Lage des Fledermauskots lässt sich oft der Quartier-Ort, aufgrund der Lage und Größe auch die Artzugehörigkeit der Quartierbewohner eingrenzen. Zwergfledermäuse z. B. hinterlassen ihre sehr kleinen Kotkrümel oft an Außenwänden um ihr Spaltenquartier. Der größere Mausohr-Kot türmt sich auf Dachböden unter den Haupthangplätzen der Kolonie. Oft finden sich auch Krümel auf Dachböden unterhalb von Spalten und Nischen. Fledermauskot kann auch bei der Kontrolle oder beim Reinigen von Nistkästen entdeckt werden.

Mäuse

— Verschiedene Gattungen und Arten

› Kotpillen walzenförmig, faserig, hart
› Enden abgerundet oder ausgezogen

MERKMALE Kleine, walzenförmige Kotpillen, etwa 4–6 mm lang und 2–3 mm dick. Enden abgerundet oder leicht ausgezogen; grünlich bis bräunlich schwarz. **VORKOMMEN** An Nahrungsstellen im Lebensraum der Mäuse: Wald, Gewässernähe, Feldflur, Gebäude vor allem mit Vorratshaltungen, Ställe, Nistkästen. **WISSENSWERTES** Im Gegensatz zum teilweise gleich großen Kot der Fledermäuse sind die Kotpillen der Mäuse aufgrund der pflanzlichen Bestandteile meist hart und faserig. Die Kotpillen der kleinen Nagetiere sind schwer oder gar nicht unterscheidbar. Bei der Bestimmung sind immer andere Spurenzeichen wie Fraßspuren, die Fundstelle sowie die Lebensweise der Arten zu berücksichtigen. Häufig wird Fledermauskot am oder im Haus (siehe oben) als Mäusekot angesehen. Dabei sind Mäuse aufgrund unserer veränderten Lebensweise und Vorratshaltung längst nicht mehr so häufige Gebäudebesucher. Ganzjährig als Hausbewohner kommt bei uns ohnehin nur die aus Zentralasien stammende Hausmaus vor.

Feldhase

— Lepus europaeus

› kugelförmige Pillen
› in kleinen Haufen
› in Feldlandschaften

MERKMALE Kugelförmige, etwas flach gedrückte, trockene, grob strukturierte Pillen von etwa 15 mm Durchmesser; aus groben Pflanzenteilen bestehend, die deutlich zu erkennen sind. Farbe ändert sich etwas je nach Nahrungszusammensetzung. **VORKOMMEN** Offene Feldlandschaften, dort in kleinen Haufen an Nahrungsplätzen und Markierungspunkten; oft verstreut auf Wechseln. Zur Rammelzeit findet sich benachbart auch ausgerissene Wolle. **WISSENSWERTES** Im Sommer verzehren Feldhasen vor allem Gräser, Kräuter und Wurzeln. Die dunkelbraunen Kotpillen sind dann im frischen Zustand feucht und weich. Im Herbst kommen Feldfrüchte und Beeren hinzu. Die Winternahrung besteht aus Knospen, Rinde, Zweigen, Wintersaaten und Kohl. Die Kotpillen sind dann hell und hart. Seit den 1970er-Jahren bis Mitte der 1990er-Jahre haben die Feldhasenbestände vielerorts drastisch abgenommen. Hauptgründe dafür waren die Intensivierung der Landwirtschaft mit häufigeren und früheren Mahdterminen zur Silagegewinnung, großflächige, nahrungsarme Monokulturen und der Straßenverkehr.

Wildkaninchen

— Oryctolagus cuniculus

› kleinere Pillen als Feldhase
› weniger grob strukturiert
› oft in Baunähe

MERKMALE Kugelförmig, ähnlich der Feldhasenlosung, jedoch wesentlich kleiner – etwa 10 mm Durchmesser –, dunkler, mit weniger grob strukturierter Oberfläche. **VORKOMMEN** Oft in großen Mengen in Baunähe, an Reviergrenzen und Wechseln. Bevorzugt auf Erhöhungen wie Ameisen-, Maulwurfs-, Erdhaufen oder Grasbüscheln abgesetzt. **WISSENSWERTES** Kaninchen setzen die Losung zur Duftmarkierung ihres Reviers ein. Weil die Latrinenplätze längere Zeit benutzt werden, wird der Boden an diesen Stellen kräftig gedüngt, der Pflanzenwuchs ändert sich. Die reviertreuen Wildkaninchen haben feste Wechsel und Kotplätze. Bei der Nahrungssuche machen sie bis zu 5 km lange Wanderungen. Wildkaninchen leben heute oft in großer Zahl in vielen Städten. Durch ihre Grabtätigkeit und das Verbeißen von Gehölzen in Gärten, Parks und auf Friedhöfen wurden sie zur Plage. Alle neun bis zehn Jahre machen Wildkaninchen aber durch die Krankheit Myxomatose bedingt starke Populationsschwankungen durch.

Rotfuchs

— Vulpes vulpes

- › wurstförmig
- › schraubenförmig zugespitzt
- › intensiver Raubtiergeruch

MERKMALE Wurstförmig, 8–10 cm lang, etwa 2 cm Durchmesser, gewöhnlich an einem Ende schraubenförmig zugespitzt; je nach Nahrungsbestandteilen unterschiedlich zusammengesetzt und gefärbt; intensiver Raubtiergeruch. **VORKOMMEN** Meist an erhöhten Stellen wie Baumstümpfen oder Grasbüscheln als Markierung des Reviers. **WISSENSWERTES** Die Losung kann Haare, Federn, Knochenstücke kleiner Nager und Vögel enthalten. Sind viele Haare enthalten, ist die Losung in frischem Zustand dunkelbraun, später grau. Nach Verzehr von Koniferenzapfen ist der Kot weißlich, bei Beerenverzehr im Herbst blauschwarz oder rötlich; enthält auch Schalenreste von Früchten und im Sommer Chitinteile. Rotfüchse ernähren sich als ausgesprochene Allesfresser von Kleinsäugern, Vögeln, Insekten, Regenwürmern, Aas, Obst und Beeren. Hauptbeute unserer Füchse sind jedoch Mäuse. Als natürliche Feinde hat der Rotfuchs Wolf, Goldschakal, Luchs, Adler und bei uns vor allem den Uhu (Jungfüchse) zu fürchten. Hohe Fuchsbestände können bodenbrütende Vögel oder Feldhasen dezimieren.

Dachs

— Meles meles

- › trocken wurstförmig bis breiig
- › unebene Oberfläche
- › an Latrinenplatz

MERKMALE Je nach aufgenommener Nahrung wurstförmig und trocken bis breiartig und flüssig. Wenn wurstförmig, dann an Fuchs-Losung erinnernd, die Oberfläche ist jedoch uneben und rauer und die Losung zerfällt leichter; Inhalt Insektenreste, Haare, Körner, Beeren. Kennzeichnend ist der Absetz-Ort. **VORKOMMEN** An Latrinenplätzen, in etwa 10 cm tief gescharrten Löchern, die nicht zugedeckt werden; oft in Baunähe oder an festen Wechseln. **WISSENSWERTES** Dachse sind Allesfresser mit dem breitesten Nahrungsspektrum von allen heimischen Raubtieren: Getreide, Obst, Früchte, Pilze, Wurzeln, (Regen-)Würmer, Engerlinge, Hummel-, Wespen-, Mäusenester, Insekten, Junge von Bodenbrütern, Kleinsäuger, Fallwild und Aas. Mit ihrem Kot markieren Dachse ihr Revier gegenüber Artgenossen. Dagegen wird eine Fuchsfamilie im gleichen Bau, aber in einem getrennten Kessel wohnhaft, durchaus als »Untermieter« geduldet. Trotz des breiten Nahrungsspektrums können Regenwürmer 80 Prozent der Dachsnahrung ausmachen.

Rothirsch

— *Cervus elaphus*

› fast kugelig, mit Spitze
› im Sommer zusammengeklebt, weich; im Winter hart

MERKMALE Kurz, zylindrisch oder fast kugelig, oft mit einer kleinen Spitze; im Sommer zusammengeklebt. Winterlosung hart, schwarzbraun, glänzend, mit Schleimschicht überzogen. Bohnen 20–25 mm lang, 13–18 mm Durchmesser (bei »Kühen« kleiner), an einem Ende eingedellt, das andere abgerundet oder spitz. **VORKOMMEN** Vor allem auf Äsungsplätzen. **WISSENSWERTES** Rothirsche verzehren im Sommer hauptsächlich saftige Pflanzenteile, im Winter Zweige und Triebe. Mit der Nahrungszusammensetzung des »Mischäsers« – mit deutlicher Tendenz zum Grasfresser – variiert die Losung.

Reh

— *Capreolus capreolus*

› frisch glänzend
› kurz-zylindrisch
› am Ende abgerundet

MERKMALE Mit 10–14 mm Länge und 7–10 mm Breite sind die Losungsbohnen des Rehs deutlich kleiner als die des Rotwildes. Sie sind schwarzbraun und in frischem Zustand glänzend. Im Winter kurz-zylindrisch, an einem Ende abgerundet. **VORKOMMEN** An Äsungsplätzen in Haufen, auf Wechseln; dort beim Ziehen (langsamen Gehen) fallen gelassen. **WISSENSWERTES** Als »Feinschmecker« verzehren Rehe eine Vielzahl von Pflanzenteilen. Durch die saftigere Nahrung im Sommer wird die Losung häufig in großen, gefurchten Klumpen abgesetzt. Im Winter ist die Losung trocken und zerfällt in einzelne Bohnen.

Wildschwein

— *Sus scrofa*

› wurstförmig bis Klumpen
› frisch schwarz
› später grau, zerfallend

MERKMALE Je nach Jahreszeit und Nahrung recht variabel; schwärzliche Klumpen von wurstähnlicher oder auch unregelmäßiger Form, bis 7 cm dick und 10 cm lang. In frischem Zustand sind die Klumpen schwarz gefärbt, nach einiger Zeit werden sie an der Oberfläche grau und zerfallen in einzelne Knollen. **VORKOMMEN** Oft an Fraßplätzen und Suhlen. **WISSENSWERTES** Die Allesfresser nehmen alle verdaubaren pflanzlichen und tierischen Stoffe auf und gehen auch an Fallwild oder Aas. In städtischen Lebensräumen nutzen Wildschweine Müll und Abfälle.

Rebhuhn

— Perdix perdix

› walzen- oder würstchenförmig und gedreht
› weißer Harnüberzug an einem Ende

MERKMALE Walzenförmig, je nach Jahreszeit und Nahrungszusammensetzung grünlich bis graubraun, flach, keulen-, würstchenförmig oder gedreht; im frischen Zustand an einem Ende mit typischem weißem Harnsäureüberzug. **VORKOMMEN** An Futter- und Schlafplätzen in der Feldflur: offenes Gelände mit kleinflächig gegliederten landwirtschaftlichen Flächen, Hecken, Büschen, Stauden, Rainen, Wegrändern. **WISSENSWERTES** Rebhühner produzieren wie andere Hühnervögel auch eine breiige Blinddarmlosung. Während der Brutzeit geben Rebhennen eine charakteristische, hartknollige Brutlosung ab. Rebhühner ernähren sich von grünen Pflanzenteilen, Samen und Insekten. Die nestflüchtenden Küken nehmen in den ersten beiden Wochen nach dem Schlüpfen fast ausschließlich tierische Nahrung auf. In einem Rebhuhnrevier müssen sowohl die Brut- wie auch die Nahrungsbedingungen für die ortstreuen Tiere günstig sein. Oft ducken sich Rebhühner bei Gefahr in die Ackerfurchen, bevor sie auffliegen oder weglaufen. Der walzen- oder tropfenförmige Kot pflanzenfressender Vögel wird auch als Gestüber bezeichnet.

Graugans

— Anser anser

› walzenförmig, grünlich
› auf Wiesen, Feldern, Seeufern
› oft große Mengen

MERKMALE Walzenförmig, relativ fest; 5–9 cm lang und bis zu 1,2 cm Durchmesser; dunkel grünlich, oft in ansehnlichen Mengen. **VORKOMMEN** Seeufer, Strandwiesen, auf Feldern, oft weit entfernt vom Wasser. **WISSENSWERTES** Graugänse ernähren sich ausschließlich von Pflanzen, die sie an Land suchen. Dabei entfernen sie sich oft sehr weit vom Wasser. Ihr Gestüber (siehe Rebhuhn) ist deutlich größer als das von Enten. Schwanengestüber erreicht sogar die doppelte Größe von Gansgestüber und ist immer in Gewässernähe zu finden. Graugänse leben außerhalb der Brutzeit sehr gesellig in lose zusammenhaltenden Scharen; Paare sind dabei nicht erkennbar. Nahrungserwerb im watschelnden Vorwärtsschreiten. Bei uns kommen Graugänse, die oft auf Auswilderungen zurückgehen, auch an Baggerseen und – halbzahm – in Stadtparks und Anlagen mit Gewässern vor. Als Brutplätze bevorzugen Graugänse nährstoffreiche Binnengewässer mit ausreichender Deckung und angrenzendem Grünland als Weide – Bedingungen, die sie in naturnahen Flussauen finden.

Mäusebussard

— Buteo buteo

- dickflüssig, weißer Strahl
- an Ansitzplätzen
- unter Horst

MERKMALE Dickflüssig, weißlich; wird wie bei allen Greifvögeln in einem Strahl ausgeschieden, indem der Stoß – der Schwanz – angehoben und das Geschmeiß – der flüssige Kot – waagerecht nach hinten gespritzt wird. **VORKOMMEN** An Ansitz-, Ruhe-, Kröpfplätzen oder Horsten. Im Winter an Kröpfplätzen und Baumgruppen (Schlafplätze) oft in waldfernen offenen Landschaften. Junge spritzen Geschmeiß über den Horstrand hinaus, dies ist dann in der Horstumgebung (siehe Seite 76/77) zu finden. **WISSENSWERTES** Während Säuger die Abfallstoffe aus Darm (Kot) und Nieren (Harn) getrennt ausscheiden, werden diese bei Vögeln mehr oder weniger zusammen durch die Kloakenöffnung abgegeben. Wenn sich Greifvögel auf Maste von Mittelspannungsleitungen niederlassen, kann ein abgegebener Kotstrahl bei zu kurz abisolierten Leitungsseilen einen Kurzschluss auslösen und zu einer Störung im Stromnetz, vor allem auch zum Tod des Greifvogels führen. Heute werden neue Freileitungen stromtodsicher für Vögel gebaut und alte Leitungen entsprechend umgerüstet.

Graureiher

— Ardea cinerea

- weiße, große Kleckse
- unter Kolonie
- Bäume verkalkt, z. T. abgestorben

MERKMALE Weißliche, dickflüssige, große Kleckse; enthält keine unverdaulichen Nahrungsreste, da diese als Gewölle ausgewürgt werden. **VORKOMMEN** Vor allem unter Reiherkolonien; dort erscheint der Boden oft »weiß gekalkt«. **WISSENSWERTES** Die ätzende Wirkung des Geschmeißes führt zum Verschwinden der Pflanzendecke unter den Nestern, in alten Kolonien auch zum Absterben der »verkalkten« Horstbäume. Neben Fischen fressen Graureiher auch Wühlmäuse, Frösche, Schnecken, Würmer und Insekten. Bei der Jagd sieht man sie oft auf Feldern und Wiesen stehen. Durch starke Verfolgung als Konkurrenten der Fischer nahmen Graureiher in den 1970er-Jahren überall ab. Erst ihr konsequenter Schutz ließ die Kolonien dieser in Europa am weitesten verbreiteten Reiher-Art wieder anwachsen. Als Nahrungsopportunisten gehen Reiher auf Äckern gerne auch auf Mäusejagd. Außerhalb der Brutzeit unternehmen Graureiher von ihren bevorzugten Übernachtungsplätzen aus oft weite Nahrungsflüge.

Bisam

— Ondata zibethicus

› kegelförmige Pflanzenburg
› im Flachwasser
› Umgebung vegetationsfrei

MERKMALE Stumpf kegelförmige Burgen; Höhe über dem Wasser 35–175 cm, Durchmesser 85–430 cm, Rauminhalt bis 12 m^3, Grundfläche elliptisch bis kreisförmig; im Flachwasser aus Pflanzen; Vegetation in großem Umkreis oft völlig beseitigt. **VORKOMMEN** Größere Teiche, Seen, Altwässer mit starker Pflanzenproduktion. **WISSENSWERTES** Ursprüngliche Heimat des Bisams ist Nordamerika. Seit dem Jahr 1905 wurde er in Europa eingebürgert und hat sich hier erfolgreich ausgebreitet. Heute besiedeln Bisams fast alle Gewässer. In grabfähigen Ufern legen die Tiere Erdbaue an, im Winter und beim Fehlen grabfähiger Ufer errichten sie Kegelburgen. Im Gegensatz zum Biber werden dazu keine Äste, sondern Pflanzenteile der unmittelbaren Umgebung verwendet. Bei den Erdbauen im höheren Ufer findet sich der Eingang gewöhnlich unter dem Wasserspiegel. Die trockenen Wohnkessel liegen dagegen deutlich oberhalb des Wasserspiegels. Die Erdbaue können die Standfestigkeit von Dämmen beeinträchtigen.

Biber

— Castor fiber

› Querverbauung aus Ästen
› in Fließgewässern
› Bibernagespuren an Hölzern

MERKMALE Feste Querverbauung – Damm – in einem Fließgewässer aus Ästen, anderem Pflanzenmaterial und Schlamm. An den miteinander verflochtenen Hölzern finden sich zum Teil typische Bibernagespuren. Der Wasserstand hinter dem bis über 1 m hohen und bis 80 cm breiten Damm ist auf ein bestimmtes Niveau ausgebaut. **VORKOMMEN** Bis vor geraumer Zeit in Mitteleuropa an Rhône, mittlerer Elbe; heute durch Auswilderungen und Ausbreitung wieder an vielen Gewässern. **WISSENSWERTES** Biber gestalten ihren Lebensraum aktiv um. Neben Erdbauen legen sie Burgen an und regulieren durch Dammbauten den Wasserstand ihrer Wohngewässer. Sie errichten Dämme, um die Eingänge zum Bau ganzjährig unter Wasser zu halten. Grund für die frühere Ausrottung des Bibers war ein als Heilmittel beliebtes Drüsensekret, das Bibergeil, und die Eignung als Fastenspeise. Denn wegen seines schuppigen Schwanzes stellte man den Biber zu den Fischen und durfte ihn in der Fastenzeit essen. Auch sein Pelz war sehr begehrt.

Rotfuchs
— Vulpes vulpes

- an Abhang
- Erdhaufen vor Eingang/Eingängen
- Beutereste, Raubtiergeruch

MERKMALE Erdbau bevorzugt an einem nach Süden geneigten Abhang mit einer oder mehreren Einfahrten; Einfahrtsloch bei neu angelegten Bauen ziemlich eng, 20–25 cm Durchmesser, später größer. Ausgegrabene Erdhaufen liegen fächerförmig vor Einfahrten, können an Böschungen große Terrassen bilden; oft Reste von Mahlzeiten vor dem Loch verstreut (wenn Welpen im Bau sind) und scharfer Raubtiergeruch. **VORKOMMEN** Größter Teil der Erdbaue in Waldrandnähe, mit nicht zu festem Boden. **WISSENSWERTES** Rotfüchse sind sehr anpassungsfähige Kulturfolger, selbst in Großstädten. Sie übernehmen häufig alte Dachsbaue und wohnen sogar gemeinsam mit den Dachsen darin. Sie nutzen aber auch Strohmieten und trockene Rohre von Grabendurchlässen als Baue. Heute ist es nichts Ungewöhnliches mehr, auf dem Heimweg nächtens einem Fuchs zu begegnen – und das selbst mitten in der Großstadt. Dank Köderimpfung treten Tollwut-Epidemien bei Füchsen kaum noch auf, eine Folge davon sind hohe Fuchsbestände. Durch die Ausscheidungen und Futterreste werden die Pflanzen rund um den Bau gedüngt.

Dachs
— Meles meles

- Eingang als Rutschrinne
- kein Raubtiergeruch
- frei von Losung

MERKMALE Eingang als »Rutschrinne« ausgebaut; in den Rutschrinnen tiefe Rillen, die von den Dachskrallen beim »Einfahren« herrühren; kein Raubtiergeruch wie am Fuchsbau. Die Losung wird an Klosetts abgesetzt (siehe Seite 31). **VORKOMMEN** Oft an gleichen Stellen angelegt wie Fuchsbaue. **WISSENSWERTES** Dachse halten ihren Bau und die nähere Umgebung sehr sauber. Im Gegensatz zum Fuchsbau findet man nie Fraßreste oder frei abgelegte Losung. Weil der Dachs im Gegensatz zum Fuchs in sein Lager Heu, Laub oder Moos einbringt, finden sich vor dem Bau oft Reste davon. Dachse sind nacht- und dämmerungsaktiv und leben als Einzelgänger, paarweise oder im Familienverband. Dachsbaue können sehr umfangreich werden, mit langen verzweigten Gangsystemen und mehreren Wohnkesseln. Die Tiere arbeiten fast ständig an der Verbesserung ihres Wohnbaus. So bringen sie das Gras für die Winterruhe im Frühjahr wieder aus dem Kessel. Auch die Gänge werden öfters korrigiert und anfallendes Erdreich herausgeschafft.

Feldhase

— Lepus europapaeus

- › flache Mulde im Boden oder Schnee
- › oft Haare und Krallenabdrücke
- › im Offenland

MERKMALE In den Boden oder Schnee gegrabene 10–12 cm tiefe Mulde – die Sasse –, in der gerade der Hasenkörper Platz hat und oft Haare und Nagelabdrücke zu finden sind. **VORKOMMEN** In Gebieten mit landwirtschaftlicher Bodennutzung, Hecken und Ödland. **WISSENSWERTES** Die Verhaltensweisen des Feldhasen im deckungsarmen Gelände schützen ihn vor Feinden. Dazu zählt ein bewegungsloses Verharren in der Sasse. Der Hinterkörper ruht dabei im tieferen Teil der Sasse, die Augen befinden sich oberhalb der Bodenoberfläche. Alle auffälligen Signale wie Blume (Schwanz) und Löffelzeichnung (Ohr) sind verdeckt. Bei Entdeckung kann sich der Feldhase meist durch schnelle Flucht und Hakenschlagen retten. Als Fluchttiere können Feldhasen bis 70 km/h schnell laufen, 2 m hoch und 2,7 m weit springen. Auch kletternd oder schwimmend können sie ihren zahlreichen Fressfeinden entkommen. Feldhasen leben in Gruppen mit festen Revieren und Rangordnungsbeziehungen. Zur Paarungszeit – Januar bis August – kommt es zu größeren Ansammlungen.

Wildkaninchen

— Oryctolagus cuniculus

- › Löcher an sonnigen Stellen
- › Einfahrten oft gut versteckt
- › unter Gebüsch

MERKMALE Meist zwei bis vier – auch zehn und mehr – 15 cm weite Laufröhren; eine senkrechte Fluchtröhre, mehrere blind endende Seitenröhren; losgegrabene Erde oft vor den Löchern angehäuft. **VORKOMMEN** Baue bevorzugt an sonnigen Stellen, wobei die Einfahrten möglichst gut gedeckt unter Gebüsch angelegt werden. Ersatzbaue auch in Stroh- oder Komposthaufen, selbst in Hohlräumen von Holz- und Reisighaufen und sogar in hohlen Kopfweiden in 2 m Höhe. **WISSENSWERTES** In den bis zu 3 m tiefen Bauen legen Wildkaninchen einen bis mehrere ungepolsterte Kessel an. Zur Jungenaufzucht wird extra ein flacher Setzbau angelegt, dessen Kessel ausgepolstert wird und dessen einzige Röhre die Mutter nach Verlassen verschließt. Wildkaninchen bilden Großfamilien aus einem erwachsenen Männchen, mehreren Weibchen und Jungen. In der Familie besteht eine strenge Rangordnung. Bei Gefahr schlagen sie zur Warnung mit den Hinterbeinen auf den Boden (Trommeln).

Maulwurf
— *Talpa europaea*

› Erdhügel
› oft in Reihe
› ohne Pflanzenteile

MERKMALE An der Oberfläche wird das Aushubmaterial der Gänge als Maulwurfshaufen ausgeworfen. Die Erdhügel sind im Durchschnitt 10–20 cm hoch. Die Lage der Hügel zeigt ungefähr den Verlauf der Gänge an. **VORKOMMEN** Wiesen, Laubwälder, Gärten, Parks. **WISSENSWERTES** Maulwürfe sind von allen einheimischen Säugern am perfektesten an das unterirdische Leben angepasst: Der Körper ist walzenförmig, die Vorderfüße dienen als »Grabschaufeln«. Das dichte Fell und die Haarstruktur schützen vor Erde und Wasser. Die flach oder tiefer – bis zu 50 cm – angelegten Gangsysteme sind weit verzweigt und bis zu 200 m lang. Unter großen Hügeln befinden sich Sommernester, unter sehr großen (180–200 cm Durchmesser, bis 50 cm hoch) Winterburgen mit Nest und Vorratskammer. Mithilfe ihres ausgezeichneten Geruchssinnes suchen Maulwürfe in den Gängen nach Nahrung – v. a. Regenwürmer, aber auch Insekten, deren Larven, Tausendfüßer, Schnecken –, die sie sofort verzehren oder – wie bei den Regenwürmern – durch einen Biss bewegungsunfähig machen und in ihrer Vorratskammer für den Winter deponieren.

Schermaus
— *Arvicola terrestris*

› flacher, länglicher Haufen
› daneben offenes Eingangsloch
› Haufen oft mit Gras vermischt

MERKMALE Im Gegensatz zum Maulwurfshaufen flacher und länglicher; zudem mit Gras vermischt; neben den Haufen offene Eingangslöcher zum Bau, oft ohne Verbindung zum Haufen. **VORKOMMEN** Entlang langsam fließender oder stehender Gewässer; auf Wiesen und Äckern, in Gärten, Obstplantagen und Wäldern. **WISSENSWERTES** Schermäuse graben weit verzweigte, unterirdische Gangsysteme. Abseits von Gewässern legen sie oberflächennahe Gänge an, die als Erdwälle erkennbar sind. Neben den Eingängen finden sich oft Erdhaufen, die mit Maulwurfshügeln verwechselt werden können. Bei uns kommt die Gemeine Schermaus (Große Wühlmaus) vor, eine anpassungsfähige Art, die auch ohne spezielle anatomische Merkmale gut schwimmen und tauchen kann. Sie lebt an Bächen, Teichen und Seen, bewohnt aber auch Wiesen, Gärten, Äcker, Dünen und Wälder. Die Zugänge der unterirdischen Gangsysteme mit Nestern und Vorratskammern liegen in Steilufern unter dem Wasserspiegel.

Igel

— *Erinaceus europaeus*

› großes Gras-/Laubnest unter Hecken, Reisighaufen, Brettern u. Ä. für Jungenaufzucht/Winterschlaf

MERKMALE Großes, mit Laub, Moos, Gras und kleinen Ästen ausgepolstertes Nest. **VORKOMMEN** An geschützten Stellen in Kompost-, Laub- und Reisighaufen, Hecken, trockenen Höhlungen, z. B. unter Brettern oder Gartenhäusern; auch in selbst gegrabenen Löchern bis zu 50 cm Tiefe. **WISSENSWERTES** Igel legen zur Jungenaufzucht und für den Winterschlaf Nester an. Sie finden sich an geeigneten Stellen in unterwuchsreichen Laub- und Mischwäldern, an Waldrändern, in Feldgehölzen, Parkanlagen, Gärten. Das Aufzuchtnest wird vom Weibchen gebaut und mit Blättern ausgepolstert. Igel scheinen menschliche Siedlungen zu bevorzugen. Sie sind dämmerungs- und nachtaktive Einzelgänger. Winterschlaf etwa von Oktober bis April. Jährlich ein bis zwei Würfe mit je drei bis zehn Jungen. Während der Geburt sind die Erstlingsstacheln der Jungen in ihre wasserreiche, angeschwollene Haut (zur Vermeidung von Verletzungen) eingebettet. »Schweinigel« nennt man die fetten, vollgefressenen Igel vor dem Winterschlaf, die nach dem Abbau ihrer Fettreserven bis zum Frühjahr zum »Hundsigel« werden.

Mausohr

— *Myotis myotis*

› dunkle, speckige Verfärbungen
› an Gebälk im Giebelbereich
› darunter oft Kothaufen

MERKMALE Vor allem im Giebelbereich von Dächern an Dachlatten und hölzernen Dachunterzügen braune, speckige Verfärbungen, die traditionell genutzte Hangplätze anzeigen. **VORKOMMEN** Sommer- und Wochenstubenquartiere auf meist großen, ruhigen und dunklen Dachböden von Kirchen, Schlössern, Türmen, anderen alten Gebäuden. **WISSENSWERTES** Hangplätze werden immer wieder benutzt und von den Tieren mit ihren schwarzen Drüsensekreten mit Duftstoffen markiert. Wo keine freien Einflugmöglichkeiten ins Quartier vorhanden sind, kriechen Mausohren durch Spalten (z. B. zwischen Ziegeln oder im Firstbereich) ein und aus und markieren auch diese Durchschlupfe. Mausohrkolonien können bis zu 2000 Weibchen umfassen. Die Männchen leben im Sommer meist einzeln und übertagen oft in Spaltenquartieren auf Dachböden, auch in Baumhöhlen und Nistkästen. Sie kommen zum Zuge, wenn sie zur Paarungszeit im Spätsommer/Herbst Weibchenbesuch in ihren Quartieren bekommen (»Hochzeitsquartiere«).

Eichhörnchen

— Sciurus vulgaris

- › kugelförmiger Bau in Bäumen
- › aus Zweigen und Gras
- › seitliches Einschlupfloch

MERKMALE Kugelförmiger Bau mit Durchmesser von 20–50 cm. Äußerlich ein loses Flechtwerk von Zweigen, innen mit einer dicken Schicht aus Gras, Moos, Ästen sowie Bastfasern verkleidet und mit Federn, Haaren oder anderen weichen Stoffen ausgefüttert; Schlupfloch seitlich, etwa 5 cm weit; es wird bei schlechtem Wetter oder wenn Junge im Kobel sind verschlossen. **VORKOMMEN** Im oberen Bereich von Laub- und Nadelbäumen, meist nahe am Stamm, von mehreren Seitenästen gestützt; Wälder, Parks, Gärten, Friedhöfe mit Bestand an alten Bäumen. **WISSENSWERTES** Eichhörnchen bauen mehrere Kobel; ein fest gebauter Hauptkobel wird vor allem zur Jungenaufzucht und als Winternest genutzt. Die Nester finden sich auch in Baumhöhlen oder Nistkästen. Der Kobel ist als »Heim erster Ordnung« der wichtigste Platz in einem Eichhörnchenrevier. Oft besitzt der Hauptkobel neben dem Schlupfloch noch ein kleines Fluchtloch zum Baumstamm hin. Eichhörnchen halten keinen Winterschlaf. In der nahrungsarmen Zeit leben sie von den Vorräten aus ihren Verstecken.

Elster

— Pica pica

- › überdachtes Nest
- › aus Reisern
- › in Bäumen, Büschen, oft an Straßen

MERKMALE Gewöhnlich in Baum- oder Dornengestrüpp; umfangreicher, teilweise mit Erde verfestigter und ausgestrichener Bau aus Reisern; mit einer Schicht aus feinen Wurzeln, gelegentlich auch Pflanzen oder Haaren ausgepolstert; fast immer von einer lockeren Haube überdacht; seitlicher Einschlupf. **VORKOMMEN** Offenes Gelände mit Hecken, Feldgehölzen, Waldrändern, selbst in Städten; sehr häufig in straßenbegleitenden Gehölzanpflanzungen. **WISSENSWERTES** Der Nestbau erfolgt durch beide Partner; das Männchen schafft überwiegend Nistmaterial heran. In einer Jahresbrut ab Anfang April ziehen Elstern meist fünf bis sieben Junge auf. Während am Nestbau beide Partner beteiligt sind, bebrütet das Weibchen 17–18 Tage allein das Gelege. Während der gesamten Brutzeit wird es vom Männchen am Nest versorgt. Elstern nutzen ihre Nester oft viele Jahre. Alte Elsternnester werden häufig von Arten bezogen, die selbst keine eigenen Nester bauen, wie z. B. Waldohreule, Turm- oder Baumfalke.

Mäusebussard

— Buteo buteo

- › großer Bau aus Ästen
- › auf Bäumen in Waldrandlage
- › meist hoch über dem Boden

MERKMALE Umfangreicher Bau aus Stöcken, kleinen Zweigen und Halmen; mit unterschiedlichstem Pflanzenmaterial ausgelegt, das ständig erneuert wird. **VORKOMMEN** Horst auf Bäumen, meist hoch über dem Boden; im geschlossenen Wald meist in Randlage, selten in kleinen Gehölzen. **WISSENSWERTES** Der Mäusebussard ist häufigster Greifvogel der Kulturlandschaft. Er nutzt seinen Horst häufig einige Jahre; dieser wächst durch den ständigen Ausbau zur Horstburg an. Ein Paar verfügt oft über mehrere Horste, die von Jahr zu Jahr wechselweise bezogen werden. Legezeit ist Mitte März bis Anfang Mai; eine Jahresbrut mit meist zwei bis drei Eiern, Brutdauer 32–34 Tage, Nestlingsdauer 42–49 Tage. Die Brutbestände schwanken in Abhängigkeit vom Hauptnahrungstier Feldmaus erheblich. Im Alter von zwei oder drei Jahren werden Mäusebussarde geschlechtsreif. Im Frühjahr kreisen die Paare rufend über ihren Revieren und vertreiben Konkurrenten. Da die Tiere sehr reviertreu sind, dürften die Partner über Jahre, wenn nicht sogar lebenslang als Paar zusammenbleiben.

Habicht

— Accipiter gentilis

- › großer, flacher Bau
- › unordentlich, aus Ästen
- › auf hohen Waldbäumen

MERKMALE Großer, flacher, unordentlicher Bau aus abgestorbenen Ästen; mit Rindenstückchen, belaubten Nadelholzzweigen oder Büscheln von Koniferennadeln ausgepolstert. **VORKOMMEN** In alten Baumbeständen auf hohen Waldbäumen, im Astquirl, einer Gabelung oder auf starken Seitenästen; selten auf Nestern anderer Arten. **WISSENSWERTES** Männchen und Weibchen bauen gemeinsam. Die Wiederbenutzung von Horsten ist möglich, oft sind Wechselhorste vorhanden. Habichthorste sind versteckter als Bussardhorste angelegt. Legezeit ist Ende März bis Mai; eine Jahresbrut mit zwei bis fünf Eiern, Brutdauer 35–42 Tage, Nestlingszeit 36–40 Tage; Junge bleiben danach noch mehrere Tage in Horstnähe (»Ästlinge«). Die reviertreuen Partner bleiben häufig auf Lebenszeit miteinander verpaart. Durch die Mehrfachnutzung über Jahre können Habichthorste zu großen Bauten heranwachsen. Die Nestzeit nutzt das Weibchen zur Mauser des Großgefieders. In dieser Phase ist es nur bedingt flugfähig und wird vom Partner versorgt.

Kormoran
— Phalacrocorax carbo

› fester Knüppelbau
› in Kolonien
› in Gewässernähe auf Bäumen

MERKMALE Festerer Bau – im Binnenland – aus Knüppeln, Reisig und Zweigen; Mulde mit langen Blättern, Gräsern oder Wasserpflanzen ausgepolstert; in Kolonien lebend. **VORKOMMEN** Brütet an Binnenseen und großen Flüssen in Bäumen oder Büschen oft in Mischkolonien zusammen mit Graureihern; an Meeresküsten in Klippen, auf Leuchttürmen, Seezeichen, auf Inseln gelegentlich am Boden. **WISSENSWERTES** Das Männchen schafft das meiste Material heran, z. T. durch Plündern aus fremden Nestern, während das Weibchen baut. Auch werden alte Nester von anderen Arten (z. B. Reihern) bezogen. Durch rücksichtslose Verfolgung war der Kormoran im Binnenland fast völlig verschwunden. Dann setzte ab den 1960er-Jahren – nicht zuletzt als Folge des Schutzes seiner Brutkolonien in einigen Ländern – eine Bestandszunahme ein. Heute können wir wieder an vielen Gewässern im Binnenland Kormorane beobachten oder ihre Brutkolonien finden. Das Kormorangefieder ist nicht wasserabweisend. Es muss nach dem Tauchen und Schwimmen getrocknet werden.

Graureiher
— Ardea cinerea

› Plattform aus Knüppeln
› in Gewässernähe, kolonieweise
› am Boden aus Schilf

MERKMALE Plattform aus kräftigen Knüppeln und Zweigen, deren Enden sperrig hervorragen; mit feinerem Material ausgekleidet. Kann im ersten Jahr so dünn sein, dass die Eier von unten zu erkennen sind. **VORKOMMEN** Gewöhnlich auf hohen Laub- und Nadelbäumen in Gewässernähe, aber auch in niedrigen Bäumen, Büschen auf Klippen, Simsen, kleinen Inseln, am Boden und im Schilf. Meist in Kolonien, manchmal einzeln brütend; oft mehrere Nester in einem Baum; auch in Siedlungsnähe, z.B. Flussinseln in Großstädten. **WISSENSWERTES** Das Nest wird meist wiederbenutzt und jährlich vergrößert; es kann sehr umfangreich werden. Nester im Schilf bestehen oft aus Schilfhalmen. Dort, wo man sie in Ruhe lässt, brüten Graureiher auch mitten in Großstädten. Besonders in Zoos mit großen Teichen lohnt sich ein Blick in die Bäume. Oft nisten oberhalb der Stelzvogelwiese wilde Graureiher. Wo das Klima günstig ist, werden sie zu Standvögeln. Manchmal teilen sich Graureiher ihren Brutplatz mit Kormoranen.

Saatkrähe
— *Corvus frugilegus*

› umfangreicher Zweigbau
› zu mehreren in Baumkronen
› oft im Siedlungsbereich

MERKMALE Großer Bau aus Zweigen, mit Erde verfestigt; mit Halmen, Gras, Wurzeln, Moos, Wolle und Haaren ausgepolstert. **VORKOMMEN** In Kolonien im oberen Kronenbereich von Baumgruppen in offenen Kultur- und Wiesenlandschaften, oft auch in Städten. **WISSENSWERTES** Vorjährige Nester können ausgebessert und wiederbenutzt werden. Legebeginn ist April; Bezug oft schon im März. Eine Jahresbrut hat drei bis sechs Eier, gebrütet wird 17–20 Tage, Nestlingsdauer über 30 Tage. Im Winter starker Einflug von Wintergästen aus Ost- und Nordeuropa, mit Dohlen oft riesige Schwärme bildend.

Aaskrähe
— *Corvus corone*

› großer Bau aus Reisern
› oft in Astgabel
› immer einzeln

MERKMALE Ziemlich großer Bau aus Reisern und Moos, mit Erde untermischt und gewöhnlich in einer Astgabel angelegt. **VORKOMMEN** Gewöhnlich in Bäumen, oft in großer Höhe; meist in offener Kulturlandschaft an Waldrändern, auch in Parks und Städten. **WISSENSWERTES** Nur das Weibchen brütet und wird vom Männchen gefüttert; an der Jungenaufzucht beteiligen sich beide Partner. Legebeginn ist Ende März/Anfang April, eine Jahresbrut mit vier bis sechs Eiern, Brutdauer 17–21 Tage, Nestlingsdauer mindestens 30 Tage. Mitunter legen die Tiere ihre Nester auch in Felsnischen und Gebäuden an. Auch in Freileitungsmasten finden sich Krähennester. Alte Krähennester nutzen Greifvögel und Eulen.

Türkentaube
— *Steptopelia decaocto*

› flache Nestplattform
› fast nur in Siedlungen
› auf Bäumen, Simsen

MERKMALE Flache Nestplattform aus zarten Zweigen und Stängeln. **VORKOMMEN** Bei uns fast ausschließlich in Städten und Dörfern, dort auf Bäumen, oft Nadelbäumen, Sträuchern, auf Gebäuden oder Mauervorsprüngen. **WISSENSWERTES** Die ursprünglich asiatische Art wurde von osmanischen Eroberern nach Südosteuropa gebracht und verbreitete sich von hier aus über fast ganz Europa mit Ausnahme von Nordskandinavien, Teilen Spaniens und einigen Mittelmeerinseln. Bis zu vier Bruten ziehen Türkentauben in menschlicher Nähe aus den jeweils zwei weißen, spindelförmigen Eiern auf.

Mönchsgrasmücke

— Sylvia atricapilla

- napfförmiges Nest
- Nestrand mit Zweigen verflochten
- meist niedrig über dem Boden

MERKMALE Napfförmiges Nest aus trockenen Grashalmen, Stängelchen, Wurzeln, etwas Wolle, Daunen und Moos. Nestrand mit den stützenden Zweigen verflochten; in Nestrand häufig Spinnweben eingewoben. **VORKOMMEN** Meist in niedrigem Gebüsch oder Geäst oder in Jungfichten; in unterholzreichen Wäldern, aber auch in Büschen und niedrigen Bäumen von Parks, Gärten und Baumschonungen. **WISSENSWERTES** Die ersten Nester baut allein das Männchen, ohne sie fertigzustellen (»Spielnester«). Erst während der Paarbildung wählt das Weibchen ein Nest aus oder entscheidet sich für einen völlig neuen Brutplatz. Der Anteil des Weibchens am eigentlichen Brutnestbau ist größer als der des Partners. Mönchsgrasmücken brüten ab Ende Mai, wobei sich beide Partner das Brutgeschäft teilen. Die nach 10–16 Tagen schlüpfenden Jungen bleiben noch 10–15 Tage im Nest. Dort werden sie von beiden Elternteilen gehudert und gefüttert. Auch danach betreuen die Eltern den Nachwuchs weitere zwei bis drei Wochen.

Singdrossel

— Turdus philomelos

- Nestnapf
- aus Halmen, Gräsern, Reisig u.a.
- mit Holz/Mulm/Lehm ausgekleidet

MERKMALE Wohlgeformter Napf aus Gräsern, dünnem Reisig, Wurzeln, Moos, altem Laub und Flechten; mit einer Schicht aus Holz, Mull und Lehm ausgekleidet. **VORKOMMEN** In Bäumen und Büschen, meist nahe am Stamm in 1,5–4 m Höhe; in Wäldern, gebüschreichen Parks, Gärten, auch in Nischen an Gebäuden und hinter Kletterpflanzen. **WISSENSWERTES** In der Regel baut und brütet nur das Weibchen. Die Jungen werden von beiden Partnern betreut. Legebeginn ist April, meist zwei Bruten, je vier bis sechs intensiv hellblaue Eier, Brutzeit etwa 14 Tage, Nestlingsdauer 12–16 Tage. Kurzstreckenzieher, Winterquartiere in West-, Südeuropa und Nordafrika, teilweise auch bei uns überwinternd. Auch die uns vertrautere Amsel gestaltet ihr Nest als stabilen, wohlgeformten Bau aus Halmen, Wurzeln und Moos, um ihn mit feuchter Erde zu verkleben. Im Gegensatz zu den Nestern der Singdrossel sind Amselnester aber immer fein ausgepolstert und enthalten nicht selten Textilfetzen oder Teile von Papiertaschentüchern.

Zaunkönig
— Troglodytes troglodytes

- backofenförmiges Nest
- seitlicher Einschlupf
- in Nischen, Höhlungen, hinter Efeu

MERKMALE Dickwandiger, überdachter, meist kugelförmiger Bau mit seitlichem Einschlupf; aus Blättern, Moos, Gras und anderen Pflanzenteilen gefügt, mit Federn ausgelegt. **VORKOMMEN** In Büschen, Hecken, im Dickicht von Wäldern, Parks und Gärten. Das Nest wird in nahezu jeder Art von Höhle, Nische oder Vertiefung vom Erdboden an aufwärts angelegt; meistens an einem Baum, einer Mauer oder steilen Böschung. **WISSENSWERTES** Das Männchen baut die äußeren Wände mehrerer Nester (»Spielnester«), das Weibchen wählt ein Nest zum Brüten aus und polstert es. Zaunkönigmännchen haben oft mehrere Weibchen und helfen dann nur bei einer Brut. Die Vielweiberei der Zaunkönigmännchen kommt besonders in Revieren mit guter Qualität vor. Das sind Lebensräume in Gewässernähe und mit viel Wildwuchs, Insekten- und Spinnenreichtum sowie möglichst guten Stellen für die Anlage der backofenförmigen Nester. Zaunkönige huschen bodennah, an Mäuse erinnernd, durch ihr Revier. Sie mögen »verwildertes« Geländer mit Gestrüpp.

Haselmaus
— Muscardinus avellanarius

- kugelförmiges, frei stehendes Nest
- aus trockenem Gras, Blättern, Bast
- seitlicher Eingang

MERKMALE Kugeliges Nest aus trockenem Gras, Blättern und Bast mit seitlichem Eingang. Durchmesser 6–10 cm oder 9–12 cm. Größere Nester sind besonders dickwandig und gut ausgepolstert. **VORKOMMEN** Frei stehend an sonnigen Waldrändern in dichtem Gebüsch, auf Lichtungen und Kahlschlägen mit Himbeer- und Brombeersträuchern, in jungen Aufforstungen, in etwa 10–300 cm Höhe. **WISSENSWERTES** Kleine Nester dienen einzelnen Tieren als Schlafnester, die großen sind Wurfnester. Die Nester werden auch in Baumhöhlen über 20 m und in Nistkästen angelegt; das Nest für den Winterschlaf im Laub zwischen Wurzelwerk, an Baumstümpfen oder Erdlöchern. Die dämmerungs- und nachtaktiven Tiere sind sehr ungesellig. Sie bewohnen ihre Schlaf- und Wurfnester meist allein. Als ausgezeichnete Kletterer halten sich Haselmäuse fast nur im Gezweig auf. Die possierlichen Tiere mit den dunklen Knopfaugen überwintern in ihren Nestern eingerollt, wobei der Schwanz nach vorne über den Bauch bis zum Kopf eingeschlagen wird.

Buntspecht
— Dendrocopos major

› Höhle mit kreisrunder Öffnung
› in morschem Baum
› 3–8 m über dem Boden

MERKMALE In der Regel kreisrunde Öffnung von ca. 5 cm Durchmesser in Stämmen und Ästen von morschen Laub- und Nadelbäumen; meist 3–8 m über dem Boden. **VORKOMMEN** In allen Laub- und Nadelwaldlandschaften; in Parks, Feldgehölzen, Gärten, oft mitten in der Stadt und nahe an Häusern. **WISSENSWERTES** Bei uns häufigster und verbreitetster Specht; Stand-, seltener Strichvogel. Am Höhlenbau beteiligen sich beide Partner. Vom Höhleneingang führt ein kleiner Gang in eine birnenförmige, 23–40 cm tiefe und 12–15 cm breite Kammer ohne Einlage. Legebeginn ab Mitte April; eine Jahresbrut umfasst fünf bis sieben Eier, Brutdauer zehn bis zwölf Tage, Nestlingszeit 20–23 Tage. Die Ablösung der Partner bei der Brutschicht erfolgt wie bei vielen Spechtarten nach festem Ritual mit Rufen und Klopfen gegen die Höhlenwand, wobei das Männchen die »Nachtschicht« übernimmt. Verlassene Buntspechthöhlen sind bei vielen Nachmietern beliebt, von Singvögeln über den Sperlingskauz und Siebenschläfer bis hin zu den Waldfledermäusen. Hier war der Star Nachmieter (Kotspur!).

Kleiber
— Sitta europaea

› Eingangsloch mit Lehm verkleinert
› auch alle Ritzen mit Lehm verklebt
› in Bäumen und Nistkästen

MERKMALE Eingangsöffnung von Naturhöhlen, Nistkästen oder Mauerlöchern mit Lehm verkleinert; auch innen alle scharfen Kanten, Ritzen und Spalten verklebt, in Nistkästen sogar die Ecken. **VORKOMMEN** In Laub- und Mischwäldern, auch in Parks und Gärten im Kulturland. Nest in hohen alten Bäumen, in Baum- oder Mauerlöchern – auch von Häusern –, alten Spechthöhlen (im Bild natürliche Stammrisshöhle) oder Nistkästen. **WISSENSWERTES** Kleiber verengen den Eingang zur gewählten Nisthöhle durch Verkleben zur Feind- und Konkurrenzvermeidung (z. B. Star als Brutplatzkonkurrent). Die Klebearbeit wird fast ausschließlich vom Weibchen ausgeführt. Legebeginn ist April, eine Jahresbrut mit fünf bis neun Eiern, Brutdauer 14–18 Tage, Nestlingsdauer 23–25 Tage. Ein deutliches Hämmern im Wald muss nicht von einem Specht stammen. Auch Kleiber hacken geräuschvoll Nüsse auf oder klopfen an die Wand ihrer Nisthöhle. Die lauten, durchdringenden Pfeifstrophen des Kleibers gehören zu den typischen Vogelstimmen im Frühlingswald.

Mehlschwalbe

— Delichon urbica

- geschlossene Halbkugel
- aus Lehmklümpchen
- an Hauswänden, oft kolonieweise

MERKMALE Bis auf ein halbrundes Einflugloch geschlossene Halbkugel aus Lehmklümpchen mit wenig Pflanzenfasern; Einlage aus Federn und Halmen; oft in lockeren Gruppen, manchmal in dichten Kolonien. **VORKOMMEN** Im offenen Kulturland an der Außenwand von Gebäuden unter Dachrinnen und Mauervorsprüngen, auch unter Brücken und Vorsprüngen von Fels- und Klippenwänden. **WISSENSWERTES** Mehlschwalben halten sich als Langstreckenzieher bei uns von April bis September/Oktober auf; meist zwei Jahresbruten. Sie kehren größtenteils wieder an ihren »Geburtsort« zurück, wobei sich nur wenige Tiere wieder direkt in ihrem »Geburtshaus« ansiedeln. Nester unbedingt erhalten! Dazu müssen die Hauseigentümer für den Schwalbenschutz gewonnen werden. Unverzichtbar für den Nestbau sind Lehmpfützen, die man den Schwalben anbieten kann. Gegen Verschmutzungen der Hauswand helfen Kotbretter, die mindestens 50 cm – wegen Nesträubern – unterhalb der Nester angebracht werden. Kunstnester werden gerne angenommen, wenn bereits Schwalben benachbart brüten.

Rauchschwalbe

— Hirundo rustica

- offene Viertelkugel
- Lehmstückchen mit Halmen gemischt
- in Gebäuden (meist Viehställen)

MERKMALE Offene Viertelkugel aus Lehmstückchen mit Halmen untermischt; meist auf Stützen wie z. B. Balken, Wandvorsprüngen, Dachsparren oder Leitungen, an senkrechten Flächen angeklebt; innen dürftig mit Federn ausgekleidet. **VORKOMMEN** Im offenen Kulturland in der Regel im Inneren von geschützten Gebäuden – vor allem Viehställe, auch Lagerhallen –, bevorzugt genutzte Gebäude; seltener unter Brücken und an geschützten Plätzen an Außenwänden von Gebäuden. **WISSENSWERTES** Wie bei der Mehlschwalbe bauen Männchen und Weibchen. Oft gesellig nistend, aber nicht kolonieweise wie Mehlschwalben. Natürliche Niststandorte waren und sind wahrscheinlich Höhlendecken. Rauchschwalben sollte man in noch bestehenden Viehställen Einflug gewähren. Neue Brutstandorte finden sie in Pferdehaltungen und Offenställen. Als Hilfen für den Nestbau bringt man Nistbrettchen als Stützen für das künftige Nest oder auch Kunstnester an. Für die Schwalben sollte ein direkter Anflug und katzensicherer Nistplatz angeboten werden.

Uferschwalbe

— Riparia riparia

- viele Röhren, querovaler Einschlupf
- in Sand- und Tongruben
- in steilen Flussufern/Meeresküsten

MERKMALE Röhren mit querovalem Einschlupf von etwa 5 cm Durchmesser in Steilwänden mit sandigem, tonigem oder lehmigem Boden; nie einzeln, immer kolonieweise. **VORKOMMEN** Vor allem in Abbaustellen, die meistens noch in Betrieb sind; auch an steilen Flussufern oder Meeresküsten, z. B. an der Ostsee. **WISSENSWERTES** Uferschwalben sind ausgeprägte Koloniebrüter. Ihre 30–70 cm tiefen Bruthöhlen graben sie mit Schnäbeln und Füßen vor allem in Bodenmaterial von 0,2–2 mm Korngröße. Die Höhlen enden in einer ca. 10 cm großen, kugeligen Kammer, die mit Gras und Federn locker ausgepolstert ist. Legebeginn ab Ende Mai/Anfang Juni, oft zwei Jahresbruten mit vier bis fünf Eiern. Die Volksnamen der Uferschwalbe wie Strand-, Sand- oder Dreckschwalbe weisen auf die Wahl ihrer Brutplätze an Steilufern, Geländekanten und Abbrüchen hin. Dass man sie auch Rheinschwalbe nennt, deutet wohl darauf hin, dass Uferschwalben am ehemals unverbauten größten deutschen Fluss die Charaktervögel waren. Heute hilft man ihnen durch Abstechen von Steilwänden.

Eisvogel

— Alcedo atthis

- Höhle in Gewässer-Bruchkanten
- Eingangsbereich verunreinigt
- starker Fischgeruch

MERKMALE Höhle in weichem Bodenmaterial in einer überhängenden oder senkrechten Bruchkante meist am Gewässerufer, aber auch bis 1 km davon entfernt; Eingang ca. 5 cm Durchmesser; genutzte Nisthöhlen oft im Eingangsbereich verunreinigt und mit starkem Fischgeruch. **VORKOMMEN** In Steilufern über langsam fließenden, unverbauten Gewässern, jedoch auch an Teichen und Baggerseen; überragende Äste bzw. freigestellte Wurzeln in Nachbarschaft als Sitzwarten. **WISSENSWERTES** Die von beiden Partnern gegrabene Niströhre besteht aus einem 30–100 cm langen, leicht ansteigenden Gang mit einer 10–13 cm großen, rundlichen Nistkammer am Ende, in das kein Nistmaterial eingetragen wird. Zur Anlage ihrer Niströhre brauchen Eisvögel senkrecht abfallende Steilufer oder Steilwände, wobei Brutröhren in höheren Abbruchkanten besser vor Hochwasser geschützt sind. Gelegentlich nutzen Eisvögel sogar Wurzelteller umgestürzter Bäume zur Anlage ihrer Brutröhren.

Hornisse
— Vespa crabro

› sehr großer Wabenbau
› braun-gelblich gestreift
› an dunklen Orten (Baumhöhlen etc.)

MERKMALE Sehr großer Wabenbau; Außenwände des Nestes wirken wie gestreift; etwa ab Oktober ist das Nest leer. **VORKOMMEN** An dunklen Orten wie Dachböden, hohlen Bäumen oder Nistkästen. **WISSENSWERTES** Unsere größte einheimische Faltenwespe. Sie ist keineswegs aggressiv; der Stich ist nicht gefährlicher als andere Insektenstiche. Ab Mai/Juni beginnt die überwinterte Königin mit Nestbau und Eiablage. Sie wird von den schlüpfenden Arbeiterinnen bei der Brutfürsorge unterstützt. Das ständig erweiterte Nest besteht aus zerkautem, verschiedenfarbigem Holz und wird nach dem Absterben des Staats im Herbst nicht wieder benutzt. Bewohnte Hornissennester erhalten! Dazu ist Aufklärungsarbeit notwendig. Hornissen sind nämlich weniger aggressiv als viele denken und außerdem wichtige Schädlingsvertilger. Außerhalb ihres Nestbereichs sind sie ausgesprochen friedlich. Nur bis 4 m um das Nest sollte man sie nicht stören (z. B. durch heftige Bewegungen, Verstellen der Flugbahn, Erschütterungen, Anatmen). Wo Nester nicht geduldet werden können, kann eine Umsiedlung durch Experten erfolgen.

Sächsische Wespe
— Dolichovespula saxonia

› birnenförmiger, grauer Wabenbau
› bis doppelte Faustgröße
› in Gebäuden meist im Dachgebälk

MERKMALE Nest birnenförmig, grau, bis doppelte Faustgröße; an schattigen, nicht zu dunklen Stellen. **VORKOMMEN** In Gebäuden, meist Dachgebälk von Scheunen, Jagdhütten, Gartenhäusern u. Ä. **WISSENSWERTES** Eine der häufigsten Wespenarten; nistet oft frei; ist weder angriffslustig noch lästig. Aktivitätszeit von Ende April bis Ende August. Wenn sie im Nestbereich von 2–3 m nicht gestört wird, ist sie nicht aggressiv. Einschließlich der Hornisse gibt es bei uns acht »typische« Vertreter der staatenbildenden Wespen. Als Insektenjäger haben sie ihren Platz im Naturhaushalt. Lästig durch Anfliegen von Speisen und Getränken werden nur die Deutsche und die Gemeine Wespe. Weil Sächsische Wespen zum Nestbau verwittertes Holz verwenden, ist ihr Nest aschgrau gefärbt. Die bis fußballgroßen Nester der Mittleren Wespe sind meist aus nicht verwittertem Pappelholz gebaut und deswegen hellgelb bis blassgrau gefärbt. Hornissennester sind dagegen aus verschiedenfarbigem, z. T. morschem Holz und Torfmull gebaut.

Wespenspinne
— Argiope bruennichi

› Radnetz
› zickzackförmiges Gespinstband
› Tarnen durch Schwingung

MERKMALE Sehr charakteristisches Radnetz meist unmittelbar über dem Erdboden; Nabe mit flächigem weißen Gespinst bedeckt. Über und unter der Nabe verläuft ein zickzackförmiges Gespinstband, das Stabiliment, dessen oberer Teil im Netz ausgewachsener Spinnen oft fehlt. **VORKOMMEN** In sonnigen Gebieten mit niedriger Vegetation; sowohl auf Trockenrasen wie auf Sumpfwiesen; auch auf Ruderalflächen. **WISSENSWERTES** Vor dem Netzbau verschafft sich die Wespenspinne Platz, indem sie Grashalme beiseitebiegt und zusammenspinnt. Die Spinne sitzt stets in der Netzmitte. Bei Beunruhigung versetzt sie das Netz durch schaukelnde Bewegungen in Schwingung. Für einen Angreifer (Singvogel) erscheint jetzt die Wespenspinne als ein unscharfes, helldunkles Streifenmuster, das sich über den Körper und die Beine im Stabiliment fortsetzt. Ihr genauer Aufenthaltsort ist für den Fressfeind nicht mehr sicher erkennbar und er ist irritiert. Durch die Klimaerwärmung breitet sich die Wespenspinne bei uns immer mehr aus.

Gartenkreuzspinne
— Araneus diadematus

› Radnetz
› zwischen Pflanzen ausgespannt
› Spinne meist in Netzmitte

MERKMALE Markantes Radnetz, das aus zahlreichen Radien und einer Fangspirale mit Klebetropfen besteht; kann stark abgewandelt sein, etwa durch eine offene Nabe (»Loch« in der Mitte), ausgesparte Sektoren oder Stabilimente. **VORKOMMEN** Zwischen Pflanzen, an Außenwänden. **WISSENSWERTES** Die Spinne sitzt meist in der Netzmitte, bei trübem Wetter im Schlupfwinkel. Der Netzbau beginnt, indem zunächst ein produzierter Faden vom Wind transportiert an einer benachbarten Pflanze hängen bleibt. Nach dem Strammziehen und einer bodennahen Befestigung eines weiteren Fadens entsteht ein »Y«, das durch weitere Radien ergänzt wird. Im Gegensatz zu anderen Radnetzspinnen hält sich die Gartenkreuzspinne tagsüber meist im Netzzentrum unter der Nabe auf. Wenn der Klebstoff auf der Fangspirale nach wenigen Tagen seine Wirkung verliert, wird das gesamte Netz von der Spinne gefressen (Recycling der eiweißhaltigen Fäden!). Vögel können den Netzfäden, die durch UV-Reflexion Insekten anlocken, dank ihres UV-Sehens ausweichen.

Baldachinspinne
— *Linyphia triangularis*

- Netz waagrecht, baldachinförmig
- engmaschig
- Spannfäden nach unten gezogen

MERKMALE Das eigentliche Fangnetz besteht aus einem waagrechten, engmaschigen Baldachin, unter dem sich meist die Spinne aufhält. Zu den Seiten und nach unten gezogene Spannfäden halten den Baldachin in einer stabilen Position. Weitere, nach oben führende Fäden sollen als »Stolperfäden« fliegende Insekten zum Absturz in den Baldachin bringen, die dann durch das Gewebe hindurch von der Spinne ergriffen werden. **VORKOMMEN** Als bei Weitem artenreichste heimische Spinnenfamilie – in Mitteleuropa kennt man über 400 Arten, von denen über die Hälfte zu den Zwergspinnen gehört – kommen Baldachinspinnen in vielen verschiedenen Lebensräumen vor: in Wäldern wie an Wegrändern, auf Trockenrasen und in Gärten. **WISSENSWERTES** Die Netze von Baldachinspinnen mit ihren Stolperfäden sind vor allem im Morgentau gut zu erkennen. Zur Paarungszeit im September halten sich die Männchen als »geduldete Gäste« in den Netzen der Weibchen auf. Eine häufige, auf Baumstämmen auftretende Waldart baut so feine Netze, dass man lange annahm, sie jage ohne Netze als frei umherschweifender Jäger ihre Beute.

Trichterspinne
— *Agelena* spec.

- trichterförmiges Gespinst
- in Röhre endend
- langbeinige, schlanke Spinne

MERKMALE Ein weit trichterförmiger, zu einem flächigen Gewebe versponnener Teppich, der sich in der Mitte zu einer Gespinströhre fortsetzt, in der sich normalerweise die Spinne aufhält. **VORKOMMEN** Je nach Art in Gebäuden, im Freiland an Felsen, in Höhlen, in Wäldern unter Steinen, liegenden Holzstücken, zwischen Baumwurzeln und an Baumstämmen; an sonnigen, warmen Stellen mit spärlicher Vegetation (Ödland, Felsen, Dünen). **WISSENSWERTES** Trichterspinnen sind sehr langbeinige, schlanke Tiere, bei denen der Vorderkörper im Augenbereich wesentlich schmäler als im mittleren und hinteren Bereich ist. Die zehn mitteleuropäischen Arten sind teilweise nur schwer unterscheidbar. Eine uns »nahestehende« Art ist die häufige Haus-Winkelspinne. Trichterspinnen sitzen meist in ihrer Wohnhöhle und haben ihre vorderen Beinpaare tastend aufs Netz gelegt. Ihre Beutetiere saugen sie nicht wie die Kreuzspinnen aus, sondern zerkleinern und fressen sie im Schlupfwinkel auf.

Wiesen-Schaumzikade

— *Philaenus spumarius*

- spuckeähnliches Schaumgebilde
- auf Wiesen an Gräsern
- Mai–September

MERKMALE Wie Spucke aussehende Schaumbällchen an Gräsern und Kräutern. **VORKOMMEN** Häufig im Grasland auf Wiesen; Mai–September. **WISSENSWERTES** Die Larven der etwa 20 mitteleuropäischen Schaumzikaden-Arten saugen Pflanzensäfte und erzeugen durch Einblasen von Luft in ihre eiweißhaltige Kotflüssigkeit den »Kuckucksspeichel«. Vor allem im Frühjahr und Frühsommer fallen die Schaumbällchen auf, die sie vor einigen Parasiten und vor Austrocknung, nicht aber vor dem Verzehr durch Raubwanzen und Wespen schützen. Die Schaumzikaden sind kleine, graubraune, oft sehr variabel gezeichnete Insekten, die zur Ordnung der Pflanzensaftsauger gehören. Sehr häufig ist die Wiesen-Schaumzikade. Sie hat einfarbige oder gefleckte Flügel. Ihre Larven leben einzeln in den Schaumgebilden. Dagegen finden sich die Larven der ebenfalls ziemlich häufigen Weiden-Schaumzikade gleich zu mehreren in einem Schaumgebilde. Dort sind sie kopfabwärts an den Weidenzweigen festgesaugt.

Traubenkirschen-Gespinstmotte

— *Yponomeota evonymella*

- weiße Gespinste um Bäume
- Kahlfraß
- Bäume ergrünen bis Sommer wieder

MERKMALE Weiße Gespinste, die ganze Bäume überziehen, und zum Teil völlig kahl gefressen. **VORKOMMEN** Im Frühjahr an Traubenkirschen in Auwäldern oder entlang von Bachläufen. **WISSENSWERTES** Die Gespinste werden von den Raupen dieser zu den Kleinschmetterlingen gehörenden Art angelegt, die sich damit vor Regen und Wind schützen. Durch Raupenfraß können die Bäume völlig kahl gefressen werden, treiben jedoch wieder neu aus und ergrünen bis zum Sommer, während sich die Raupen in pfundschweren Gemeinschaftskokons verpuppen. Die Traubenkirschen-Gespinstmotte fliegt im Juni und Juli. Der kleine Schmetterling mit einer Spannweite von 22–26 mm ist recht hüsch anzusehen. Auf den weißen Vorderflügeln trägt er in fünf Längsreihen kleine, schwarze Punkte. Eiablage an den Wirtsbäumen, wo die Eihaufen in Rindenritzen überwintern. Kahl gefressene Bäume wirken wie Baumleichen, denen man ein Wiederaustreiben kaum zutraut. Der Raupenbefall kann stark schwanken.

Eichengallapfel
Eichengallwespe
— *Cynips quercusfolii*

› kugelrunde Gebilde
› etwa 2 cm groß
› an den Blattnerven von Eichenblättern

MERKMALE Kugelrunde Gebilde von etwa 2 cm Durchmesser an der Unterseite von Eichenblättern; zunächst grünlich, dann rot gefärbt. **VORKOMMEN** An den Blattnerven von Blättern verschiedener Eichenarten in Wäldern, Gärten, Parks. **WISSENSWERTES** Der Name stammt vom gallenbitteren Geschmack, der größere Tiere vom Verzehr der Gallen abhält. Im Inneren der Galle entwickelt sich in einer runden Kammer jeweils eine Larve. Im Herbst fallen die Galläpfel mit den Blättern zu Boden. Zwischen November und Februar frisst sich die Gallwespe nach ihrer Verpuppung aus der Kammer. Die ausschließlich aus Weibchen bestehende Wintergeneration erzeugt ohne Befruchtung Eier, die sie in Eichenknospen ablegen. Die aus sehr unscheinbaren Knospengallen geschlüpften Geschlechtstiere verpaaren sich. Erst durch die von den Weibchen der zweiten Generation an die Blattnerven auf der Unterseite der Eichenblätter gelegten Eier kommt es zur Entstehung der Galläpfel.

Rosengalle
Rosengallwespe
— *Diplolepis rosae*

› zottig behaartes Gebilde
› an Zweigen und Blättern
› an Heckenrosen, nicht an Zierformen

MERKMALE Rotes bis grünes, zottig behaartes Gebilde an Zweigen und Blättern von Heckenrosen; bis 4 cm Durchmesser. **VORKOMMEN** Rosengallen entwickeln sich ab Mai an den frischen Trieben von Wildrosen; häufig an Waldrändern, Wegsäumen, Feldhecken. **WISSENSWERTES** Den Rosengallen schrieb man früher Heilwirkung zu (»Schlafäpfel«). Die Rosengallwespen legen im Frühjahr an Heckenrosenknospen ihre Eier ab. Die Knospe verwandelt sich im Verlauf des Sommers zur Galle. An Blattrippen bleibt die Galle einkammerig, sonst vielkammerig. Aus den Gallen schlüpfen im nächsten Frühjahr neben vielen Weibchen (99 Prozent) und wenigen Männchen (1 Prozent) auch weitere Parasiten und Einmieter. Die Schlafäpfel wurden früher als Schlafmittel verwendet. Die Schlafbedürftigen nahmen sie aber nicht ein, sondern legten sie unter das Kopfkissen. Rosengallen entwickeln sich nur an Wildrosen. Unsere Zierformen werden davon nicht befallen.

Suhle Wildschwein
— *Sus scrofa*

› schlammige Stelle
› stark zertreten
› in Wäldern, an Gewässern

MERKMALE Stark zertretene, schlammige Stelle, oft in der Nähe eines Baums; Trittsiegel in Umgebung erkennbar; oft sind benachbarte Bäume bis in 50–100 cm Höhe schlammverklebt und mit anhängenden Borsten bedeckt. **VORKOMMEN** In Wildschweinrevieren häufig an sumpfigen Stellen im Wald, an Gewässern. **WISSENSWERTES** Wildschweine suhlen sich sehr häufig in Schlammpfützen, vor allem im Sommer. Das Komfortverhalten dient der Kühlung und schützt vor Ektoparasiten wie Fliegen und Stechmücken. Nach dem Suhlen erfolgt vielfach gründliches Reiben an benachbarten Bäumen, die dann Scheuerstellen mit Rindenabrieb, angetrocknetem Schlamm und anheftenden Wildschweinborsten aufweisen. Mit dem Reiben hinterlässt die Rotte dort neben ihren Plagegeistern gleichzeitig noch ihre typischen Duftmarken. Die Mitglieder einer Wildschweinrotte markieren ihr Revier auch durch Kot- und Harnplätze. »Malbäume« sind auch an Hirschsuhlen zu beobachten. Wildschweine leben gesellig im Familienverband.

Fegestelle Rothirsch
— *Cervus elaphus*

› Wundstelle an Bäumen/Büschen
› Rinde verletzt
› Zweige abgerissen

MERKMALE Wundstellen an Bäumen und Büschen; Rinde verletzt, Seitenzweige abgerissen, Blätter oder Nadeln teilweise trocken. **VORKOMMEN** Waldgebiete mit Freiflächen; gebietsweise auch in Heide- und Moorlandschaften; im Gebirge während des Sommers bis zur Baumgrenze. **WISSENSWERTES** Nach dem Geweihabwurf im Februar/März wächst aus den Rosenstöcken sofort ein von einer gut durchbluteten Haut (»Bast«) umgebenes neues Geweih hervor. Ist es fertig ausgebildet und ganz verknöchert, wird die jetzt funktionslose Basthaut an elastischen Bäumen und Sträuchern abgescheuert. Rot-, Dam- und Sikahirsche sowie Elche fegen den Bast im Hoch- oder Spätsommer, der Rehbock im Frühjahr. Das Geweih dient dem Imponieren der Weibchen und den Auseinandersetzungen mit Rivalen, die so stark ritualisiert ausgetragen werden, dass sich Verletzungen in Grenzen halten. In der geweihlosen Zeit tragen Rothirsche ihre Streitigkeiten auf den Hinterläufen stehend und mit den Eckzähnen drohend aus.

Huderpfanne Rebhuhn

— Perdix perdix

› flache Mulde, manchmal mit Federn und Kot
› in lockeren, sandigen Böden

MERKMALE Flache Mulde in sandigem Boden, an windarmen, geschützten Stellen; oft mehrere Mulden dicht beieinander. Material in der Mulde feinkörniger als in der Umgebung; manchmal mit Federn oder Kot. **VORKOMMEN** Sandige Stellen in Rebhuhnrevieren (Wegränder, Ruderalflächen); in kleinflächig strukturierten Ackerlandschaften. **WISSENSWERTES** Auslöser zum Sandbaden ist trockener, sandiger Boden und höhere Temperaturen mit Sonnenschein. Sandbadestellen sind wichtigste Requisiten im Rebhuhn-Lebensraum. Als Vorbereitung setzen sich Rebhühner hin und lockern mit dem Schnabel ringsherum das Erdreich. Durch Scharrbewegungen der Füße wird Sand gelockert. Durch Dreh- und Scharrbewegungen und unter Zuhilfenahme der Flügel verteilen Rebhühner dann den Sand über das gesträubte Gefieder. Solche Badestellen sind für alle Hühnervögel wichtig. Sie werden auch »Huderpfannen« genannt und dienen zusammen mit Federfunden als Nachweis für das Vorkommen v. a. von seltenen, heimlichen Hühnervögeln wie z. B. vom Haselhuhn.

Badestelle Alpenschneehuhn

— Lagopus mutus

› flache Mulde im Schnee
› an sonnigen Berghängen
› hin- und wegführende Spuren

MERKMALE Flache Mulden im Schnee an sonnigen Hängen mit hin- und wegführenden Spuren. **VORKOMMEN** In den Alpen oberhalb der Baumgrenze; bevorzugt werden blockübersäte Kuppen und Hänge, wo der Schnee stellenweise liegen bleibt, sowie Felsblöcke, Aussichtswarten und Mulden, die Windschutz und Deckung bieten. **WISSENSWERTES** Beim Alpenschneehuhn sind, wie bei allen Hühnervögeln, ausgiebige Staubbäder beliebt. Plätze werden bei geeignetem Wetter fast täglich aufgesucht. Im Winter wird ersatzweise in Schnee gebadet. Durch den Farbwechsel seines Gefieders nach der Mauser ist es gut getarnt. Das Winterkleid ist bis auf den schwarzen Schwanz schneeweiß. Die Federn besitzen luftgefüllte Hohlräume zur besseren Isolierung gegen Kälte. Die bis zu den Zehenspitzen gefiederten Füße wirken durch Vergrößerung der Auftrittsfläche wie Schneeschuhe und erleichtern das Laufen im lockeren Schnee. Um möglichst wenig Wärme zu verlieren, graben sich Schneehühner nachts im Schnee ein.

Eier nach normalem Schlupf Graureiher

— *Ardea cinerea*

› Schalenstücke regelmäßig
› innen ohne Dotter-/Eiweißspuren
› Eihaut: nach innen gerollter Wulst

MERKMALE Ziemlich regelmäßige Schalenstücke, kleine Stücke sind abgebrochen; stumpfe Kappe fehlend; Eihaut bildet nach Eintrocknen einen nach innen gerollten Wulst. Innenseite der Schalen ohne Spur von Dotter oder Eiweiß. **VORKOMMEN** Auf Waldboden unter oder in Nähe der Graureiherhorste. **WISSENSWERTES** Die meisten Vogelküken benutzen zum Ausschlüpfen ihren Eizahn, eine harte Hornspitze an der Spitze des Oberschnabels. In der Nähe der stumpfen Eikappe wird damit ein kreisförmiger Spalt gebrochen und danach die Kappe weggeschoben. Andere machen ein oder mehrere regelmäßige Löcher in die Schale und zwängen sich heraus. Dabei bleiben viele unregelmäßige Bruchstücke zurück. Auf alle Fälle wird beim normalen Schlupfvorgang der gezackte Rand der Schale eher nach außen gestoßen. Auch die Eihaut ist größtenteils intakt, selbst nach dem Eintrocknen. Nach dem Schlüpfen werfen die Altvögel die Schalenreste aus dem Nest oder tragen sie, das kleinere Schalenstück ins größere gesteckt, weg.

Eier, von Eieräubern geöffnet

— verschiedene Tierarten

› unregelmäßig geöffnete Schalen
› oft Dotter- und Eiweißreste, Blut
› Schalenhaut bildet keinen Wulst

MERKMALE Unregelmäßig geöffnet, Hackspuren; Schalenhaut ragt nicht über Schale heraus, bildet getrocknet keinen nach innen gerollten Wulst; oft noch Reste gelben Dotters oder glänzende Eiweißschicht im Ei; wenn fast ausgebrütet, auch Blutspuren (hier: Singdrosseleier; kleine Abbildung: Elster an Stockenten-Gelege). **VORKOMMEN** Am und um Neststandort; an frei liegender Stelle. **WISSENSWERTES** Möwen, Krähen, Raubmöwen sind neben fleischfressenden Säugetieren die bedeutendsten Eiräuber. Während Möwen nur Eier aus Bodennestern holen, plündern Krähen Boden- und Baumnester – auch die eigener Artgenossen. Der beste Schutz vor Eiräubern ist es, unentdeckt zu bleiben. Vielfach gehen dem Nestraub durch Tiere menschliche Störungen der Brutvögel voraus. Im Unterschied zu eierräubernden Vogelarten können beim Aufbeißen der Eischale durch Säugetiere deren Zahnmarken sichtbar bleiben. Wiesel, Hermelin und Fuchs beißen meist vorsichtig die Enden der Eischale ab, Eichhörnchen und Ratten zertrümmern die Eier meist in kleine Bruchstücke.

Exuvie Königslibelle
— Anax imperator

› Larvenhaut – Exuvie – an Substrat
› auf Rückseite aufgerissen
› als Artnachweis brauchbar

MERKMALE Leere Larvenhaut der Libellen; an senkrechten Pflanzenstängeln mit Fußkrallen verankert, etwa einen halben Meter über dem Wasserspiegel; am Rücken und Kopf aufgeplatzt. **VORKOMMEN** Auf Pflanzen und Steinen in Libellengewässern (fast alle Still- und Fließgewässertypen). Vom Frühjahr bis Herbst, wegen unterschiedlicher Flugzeiten der einzelnen Arten. **WISSENSWERTES** Vor dem Schlüpfen entsteigt die Larve dem Gewässer, um sich an einem Pflanzenteil oder Stein festzuklammern. Über einen X-förmigen Riss auf der Rückseite des Brustabschnitts zwängt sich die Libelle – zunächst mit dem Körper, zuletzt mit den Beinen – aus ihrer Larvenhaut. Das Schlüpfen erfolgt oft an ersten warmen, windstillen Tagen nach vorangegangenen Schlechtwetterperioden, meist frühmorgens kurz nach Sonnenaufgang. Mit den Exuvien lassen sich Libellennachweise sicher und sehr schonend führen. Notwendig sind Larvenbestimmschlüssel und Handlupe. Exuvien halten sich, trocken aufbewahrt, fast unbegrenzte Zeit.

Schlangenhaut Kreuzotter
— Vipera berus

› pergamentartige Haut
› an mehreren Stellen eingerissen
› mit Schuppenmuster

MERKMALE Pergamentartige Haut, unterseits meist an mehreren Stellen aufgerissen, Rückenschuppen stark gekielt; Schwanzunterseite mit 24–46 Schildpaaren; Afterschild ungeteilt. **VORKOMMEN** Moore, Sümpfe, Brüche, nicht zu kalte Bergwiesen mit Lesesteinhaufen; abgestreifte Häute im Frühsommer. **WISSENSWERTES** Das Schuppenkleid der Schlangen besteht wie bei allen Reptilien aus Horn (Keratin). Als totes Material wird es bei der Häutung erneuert. Die alte Haut hebt sich über dem neu gebildeten Schuppenkleid ab. Während Echsen sich eher fetzenweise häuten, streifen Schlangen die Haut fast geschlossen ab (»Natternhemd«). Vor der Häutung haben Schlangen trübe Augen. An den Häuten lassen sich sogar noch deren frühere »Träger« bestimmen. So sind die Schuppen bei der Kreuzotter wie bei Ringel- oder Würfelnatter gekielt, bei Schling- und Äskulapnatter dagegen ungekielt. Zusammen mit Artmerkmalen der Kopf- und Bauchschilder ist sogar eine sichere Bestimmung möglich.

Fang- und Kröpfspur Mäusebussard

— Buteo buteo

- Abdrücke von Schwingen und Schwanzfedern im Schnee
- kleine Kuhlen mit Blutspuren

MERKMALE Abdrücke von Handschwingen und Schwanzfedern im Schnee; zwischen den Schwingenabdrücken kleine Kuhlen mit Blutspuren, einem Stück Darm und zerstreuten Haarbüscheln als Reste einer Maus (hier einer Feldmaus). **VORKOMMEN** Nach Neuschnee in der Feldflur. **WISSENSWERTES** Hauptnahrung des Mäusebussards sind Kleinsäuger, meistens Feldmäuse, die er meist vom Ansitz, gelegentlich auch im Suchflug und rüttelnd (vor allem im Winter) erbeutet. Hier hat er eine Feldmaus geschlagen und an Ort und Stelle gekröpft. In schneereichen Wintern müssen sich Mäusebussarde auf ein anderes Beutespektrum wie Kleinvögel, Aas, überfahrene Tiere, Abfälle u.a. umstellen. Deshalb halten sich Mäusebussarde im Winter gerne im Straßenbereich auf. Dort können sie von überfahrenen Tieren ebenso profitieren wie von den Mäusen, die sich entlang der schneefreien Straßenböschungen bewegen. Sitzt der Bussard auf einem Hasen, hat er diesen in der Regel als Aas gefunden. Gesunde, ausgewachsene Hasen gehören sonst nicht zu seinem Beutespektrum.

Fangspur einer Feldmaus Turmfalke

— Falco tinnunculus

- Mäusespuren im Schnee
- enden an Schwingenabdrücken
- im Offenland

MERKMALE Mäusespuren im Schnee, die zu einer Stelle mit Schwingenabdrücken führen; Spannweite der Schwingenabdrücke deutlich unter 1 m. **VORKOMMEN** Nach Neuschneefall in offener Feldflur, auch auf Freiflächen im Siedlungsbereich. **WISSENSWERTES** Der Turmfalke jagt vorzugsweise Kleinsäuger, vor allem Wühlmäuse, im Rüttelflug. Aus Energieersparnisgründen überwiegt im Winter die Jagd von Ansitzwarten aus. Bei Mäusemangel weicht er auf Kleinvögel aus. Luftjagd auf Vögel nur unter besonders lohnenden Bedingungen, wie z.B. zwischen Häusern. Die Spur zeigt, dass die geschlagene Feldmaus hier nur gefangen, zum Kröpfen aber weggetragen wurde. Ein Turmfalke braucht etwa die Nahrungsmenge von zwei Feldmäusen pro Tag. Wie andere Vögel auch, können Turmfalken UV-Licht wahrnehmen. Sie erkennen daher schon aus der Luft anhand des für sie sichtbaren, UV-absorbierenden Mäuseurins, ob es sich lohnt, rüttelnd über dem Feld auf Mäusebeute zu warten.

Laich Laubfrosch
— Hyla arborea

- › walnussgroße Klümpchen
- › an Wasserpflanzen
- › in vegetationsreichen Gewässern

MERKMALE Eier in walnussgroßen, kompakten Klümpchen an Wasserpflanzen geheftet. Pro Klümpchen etwa 10–15 Eier. Ei-Durchmesser 1,5–2 mm, Hüllen 3–4 mm; Eier zweifarbig: oberseitig hellbraun, am unteren Pol gelblich weiß; Embryonen hellgelb. **VORKOMMEN** Bevorzugt werden vegetationsreiche Laichgewässer, zum Teil auch warme, oft vegetationsarme Tümpel von Abbaustellen. **WISSENSWERTES** Fortpflanzungsbereite Tiere sind zwischen April und Juli am Gewässer zu finden. Laubfroschmännchen rufen mit ihrer großen Schallblase sehr laut und in Chören in rhythmischen Rufreihen »äpp-äpp-äpp-äpp«. Das Weibchen produziert pro Saison 200–1400 Eier. Bei der Eiablage in Portionen wird das Weibchen fest vom Männchen umklammert. Die Larven schlüpfen oft schon nach zwei bis drei Tagen. Der Laubfrosch ist mit bis 5 cm Länge unsere kleinste einheimische Froschart. Erst im April verlassen die wärmeliebenden Tiere ihre Erdhöhlen, um bald danach nachts an ihren Laichgewässern lautstark aufzutauchen.

Laich Grasfrosch
— Rana temporaria

- › große Laichballen
- › in vielen Gewässertypen
- › oft oben schwimmend

MERKMALE Große Laichballen mit 700–4500 Eiern, die bei ausreichender Wassertiefe auf den Grund sinken; älterer Laich schwimmt oft an Wasseroberfläche. Ei fast ganz schwarz, nur winzige Aufhellung an unterem Ei-Pol; Ei-Durchmesser 1,7–2,8 mm, Hüllen 8–10 mm. **VORKOMMEN** In verschiedenen Gewässern; neben großen Weihern und Teichen auch Tümpel, Gräben und Pfützen. **WISSENSWERTES** Frühlaicher; Frühjahrswanderung zum Laichgewässer Mitte Februar und Mitte April, wobei einige Grasfroschweibchen ihre kleineren Männchen huckepack zum Wasser tragen. Dort setzen sie, von den Partnern in der Achselgegend umklammert, einen bis zwei Laichballen ab. Die Männchen halten sich meist um die Mittagszeit und in der Dämmerung im Flachwasser auf. Der Grasfrosch ist neben der Erdkröte die bei uns am weitesten verbreitete Art. Sie wird 7–9 cm, maximal bis 11 cm groß, wirkt plump und besitzt eine kurze, stumpfe Schnauze. Paarungsruf ist ein leises, dumpfes Knurren.

Laich Erdkröte
— Bufo bufo

- meterlange Laichschnüre
- um Pflanzenteile und Äste im Wasser gespannt

MERKMALE Meterlange Laichschnüre, oft in größerer Zahl; um im Wasser befindliche Gegenstände wie Pflanzenteile oder Äste gespannt; 3000–8000 schwarze Eier, Durchmesser der Eier 1,5–2 mm, Hüllschnur 5–8 mm dick. **VORKOMMEN** Mittelgroße bis große stabile Gewässer; Laich vielfach in einem Gewässerabschnitt konzentriert. **WISSENSWERTES** Laichplatztreu; geschlechtsreife Tiere suchen zur Fortpflanzung das Gewässer auf, in dem sie sich entwickelt haben. Fortpflanzungszeit hauptsächlich im März und April; bereits verpaarte Weibchen tragen ihre Partner huckepack zum Laichgewässer. Die Weibchen bleiben drei bis sechs Tage im Wasser, die Männchen oft wesentlich länger. Die Kaulquappen schlüpfen nach 12–18 Tagen. Merkmale der bis zu 9 cm (Männchen) bzw. 15 cm (Weibchen) großen Tiere sind ihre warzige Haut, die bräunliche bis rötliche Oberseite sowie die grauweiß und dunkel marmorierte Unterseite. Am Hinterkopf haben die Tiere dicke Düsenpolster. Im Laichgewässer rufen die Männchen der Erdkröte kurz und hoch »oäck-oäck«.

Laich Wechselkröte
— Bufo viridis

- Laichschnüre auf Gewässerboden
- meist in Tümpeln ohne/mit wenig Vegetation

MERKMALE Eier in Laichschnüren; auf Gewässerboden liegend, auf Wasserpflanzenbeständen oder Grünalgenpolstern; Eizahl 2000–15 000, Eier braunschwarz, Ei-Durchmesser 1–1,5 mm, Hüllschnur 4–6mm dick. **VORKOMMEN** Bevorzugt vegetationslose oder vegetationsarme Tümpel; in Abbaustellen, auch in Teichen. **WISSENSWERTES** Fortpflanzungsperiode abhängig von der Witterung von April bis Juni, selten Juli. Die Weibchen sind nur kurz zur Laichabgabe im Wasser. Während der Paarung umklammert das Männchen die Partnerin in der Achselregion. Paarungsrufe vorwiegend nachts; weiches, melodisches Trillern. Wechselkröten pflanzen sich erst bei Wassertemperaturen von mindestens 15 °C fort. Die Larven wachsen in drei bis vier Monaten bis auf fast 5 cm Länge heran. Erst nach der 3. Überwinterung sind sie geschlechtsreif. Abbaustellen, die nicht verfüllt und nicht zu Erholungszwecken genutzt werden, sind für die Art wichtig.

Anhand von Form, Farbe und Zeichnungsmuster ihrer Federn lassen sich viele Vogelarten bestimmen. Bei abgeworfenen einzelnen Federn handelt es sich meist um Mauserfedern, verstreute Federn deuten auf Rupfungen und Risse.

Im Wald kann man häufig Mauserfedern von Greifvögeln entdecken, an Gewässern im Hochsommer Mauserfedern von Wasservögeln. Verunglückte Tiere finden sich leider häufig an Straßen (und Freileitungen).

Insektenfresser

Maulwurf

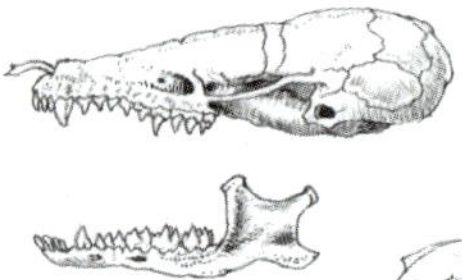

Spitzmaus

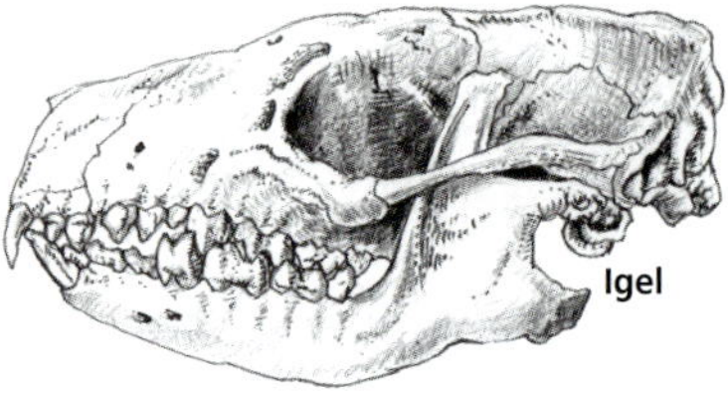

Igel

Nasenschädel groß, Jochbögen vorhanden (Igel), schwach (Maulwurf) oder fehlend (Spitzmaus)

Nagetiere

Je 1 Paar große meißelartige Schneidezähne in Ober- und Unterkiefer

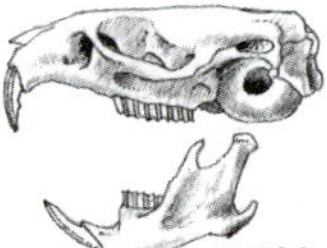

Wühlmaus

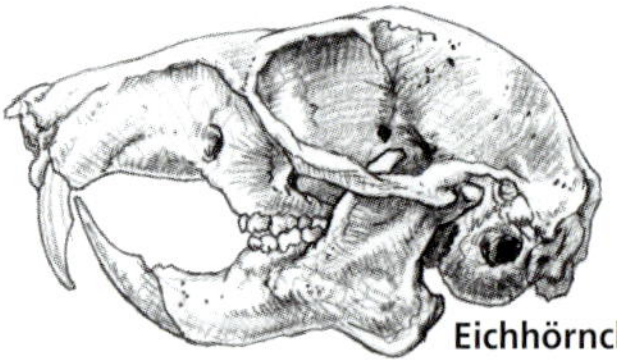

Eichhörnchen

Fledermäuse

Bezahnung erinnert an Raubtiergebiss, spitze Eckzähne, scharfe Backenzähne

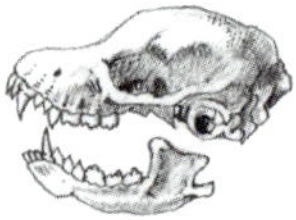

Mausohr

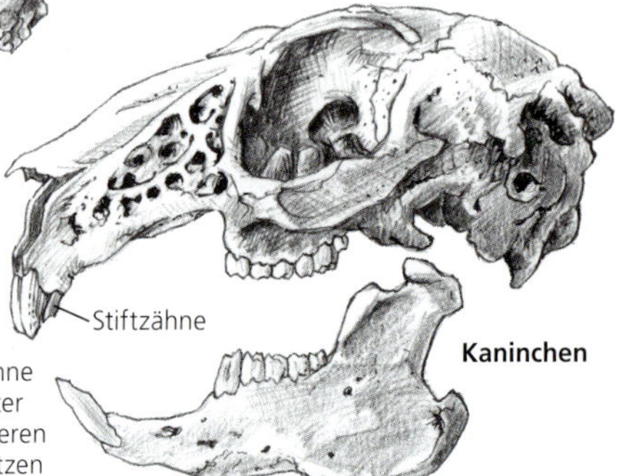

Kaninchen

Hasentiere

2 Paar Schneidezähne im Oberkiefer. Hinter den größeren vorderen Schneidezähnen sitzen kleine Stiftzähne.

Raubtiere

Bezahnung mit 6 kleinen Schneidezähnen, 2 dolchartigen Eckzähnen (Fanggebiss) und gezackten Backenzähnen (Brechscherengebiss), Schädel meist mit Knochenleisten

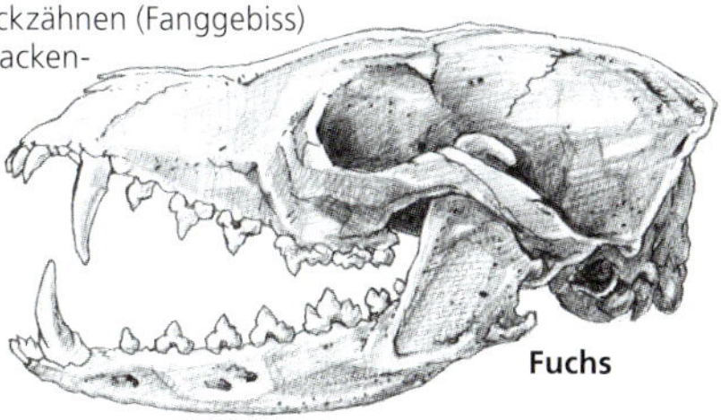

Fuchs

Wildkatze

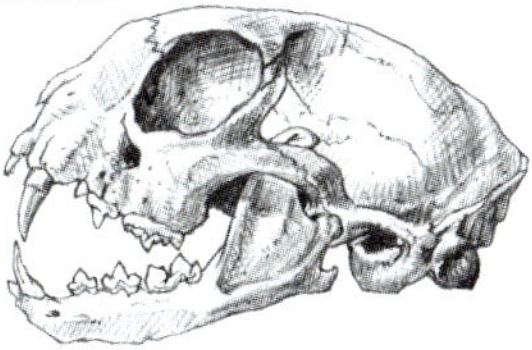

Paarhufer

Nur Schweine mit vollständigem Gebiss, sonst Vordergebiss zurückgebildet, obere Schneidezähne bei Wiederkäuern (s. Reh) fehlend. Bei Schweinen vergrößerte, nach oben gerichete Eckzähne (Hauer)

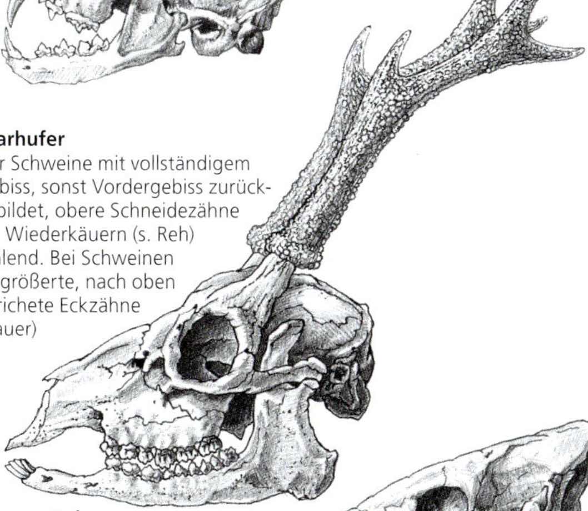

Reh

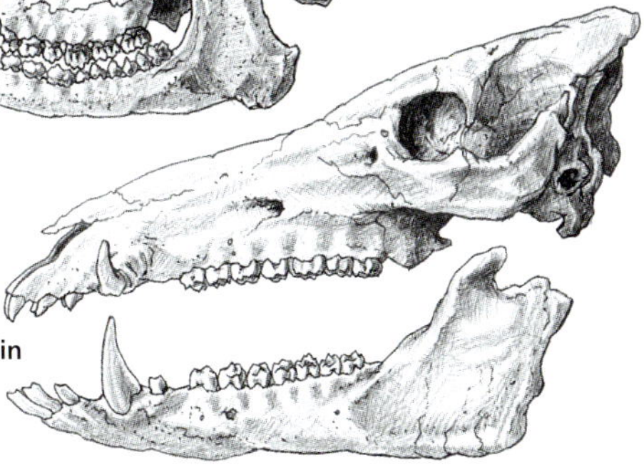

Wildschwein

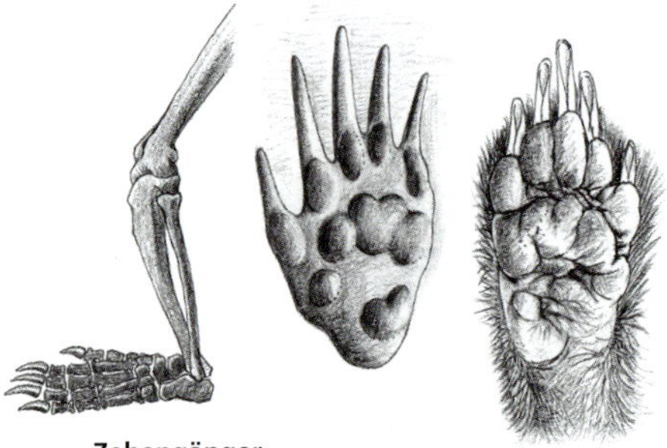

Zehengänger

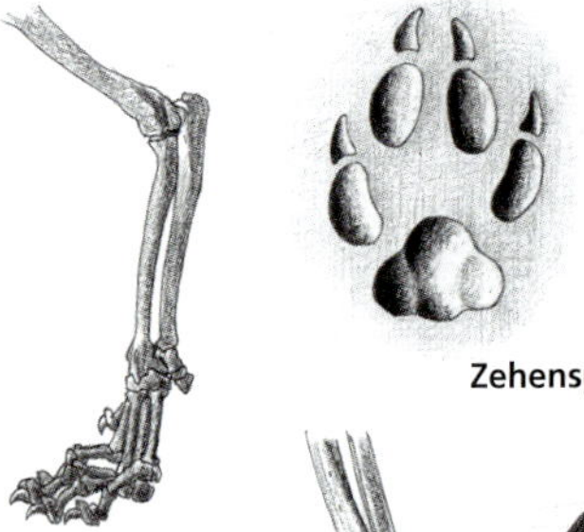

Zehenspitzengänger

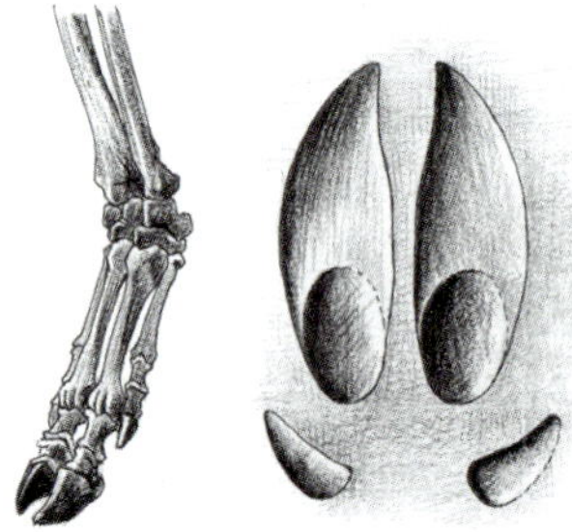

Säugetiere werden nach dem Bau ihrer Füße als Sohlen-, Zehen- und Zehenspitzengänger unterschieden. Die Füße der Sohlen- und Zehengänger heißen auch Pfoten. In der Spur sind die Anordnung und Form der Ballen (Zehen-, Haupt- und Fersenballen) sowie die Krallen arttypisch. Während Sohlengänger mit der ganzen Fußsohle auftreten, drücken sich bei den Zehengängern nur die Zehen und Hauptballen ab. Bei den Zehenspitzengängern werden die Endglieder durch Hornschuhe (Hufe) geschützt. Man unterscheidet bei ihnen Paarhufer und Unpaarhufer.

Haussperling
Grünfink
Feldlerche
Bachstelze
Kleiber
Kohlmeise
Garten-
baumläufer
Grau-
schnäpper
Mönchs-
grasmücke
Rotkehlchen
Hausrot-
schwanz
Rauchschwalbe
Zaunkönig
Amsel
Dohle
Star
Turmfalke
Teichhuhn

Register

Bildnachweis

Alle Fotos von Alfred Limbrunner, außer: Adam 107 kl; Bajohr/Limbrunner 67u kl; Fünfstück/Limbrunner 23u; Hecker Umschlaginnenseite vorne, 13u kl, 29u kl, 97o kl, 97u kl, 99o, 101o kl, 101u kl; Kutschenreiter/Limbrunner 65u kl; Richarz/Limbrunner 43o, Rudloff/Limbrunner 193u kl, Wendl/Limbrunner 35u kl

o = oben, u = unten, kl = kleine Abbildung, r = rechts, l = links

Umschlaggestaltung von Walter Typografie & Grafik GmbH, unter Verwendung eines Farbfotos von Shutterstock/Menno Schaefer (Fuchs).

Mit 214 Farbfotos von Alfred Limbrunner (199), Adam (1); Bajohr/Limbrunner (1); Fünfstück/Limbrunner (1); Hecker (1); Hecker/Limbrunner (7); Kutschenreiter/Limbrunner (1); Richarz/Limbrunner (1), Rudloff/Limbrunner (1) Wendl/Limbrunner (1); 19 Schwarzweißzeichnungen und zwei Tafeln mit Trittsiegeln und Fährten von Johannes-Christian Rost/Kosmos; 17 Farbzeichnungen von Walter Söllner/Kosmos und 6 Symbole von Wolfgang Lang.

Unser gesamtes lieferbares Programm finden Sie unter **kosmos.de**
Über Neuigkeiten informieren Sie regelmäßig unsere Newsletter, einfach anmelden unter **kosmos.de/newsletter**

FSC
www.fsc.org
MIX
Papier aus verantwortungsvollen Quellen
FSC® C015829

Gedruckt auf chlorfrei gebleichtem Papier

© 2016, Franckh-Kosmos Verlags-GmbH & Co. KG, Stuttgart.
Alle Rechte vorbehalten
ISBN 978-3-440-15049-8
Projektleitung: Carsten Vetter
Redaktion, Bildredaktion und Satz: Barbara Kiesewetter, Redaktionsbüro, München
Gestaltungskonzept: Peter Schmid Group GmbH, Hamburg
Produktion: Markus Schärtlein
Printed in Italy / Imprimé en Italie

Das Must-have — für Naturfreunde

544 Seiten, €(D) 12,99

Aufschlagen und sich mit dem KOSMOS-Farbcode schnell im Buch zurechtfinden. Das Bestimmen von Tieren und Pflanzen gelingt mit den bis zu vier Abbildungen pro Art und der direkten Verknüpfung von Text und Bild ganz einfach. Extra: 250 Tierstimmen mit TING hörbar.

kosmos.de

NABU
Macht Spaß. Macht Sinn.
Die Natur schützen mit dem NABU. Mach mit!
www.NABU.de/aktiv

Trittsiegel und Fährten

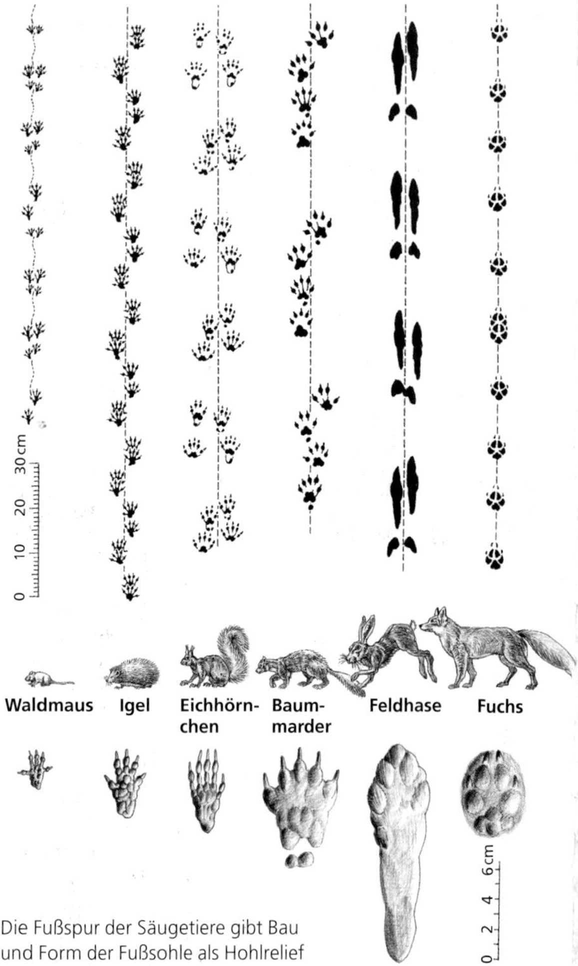

Die Fußspur der Säugetiere gibt Bau und Form der Fußsohle als Hohlrelief wieder. Anhand ihrer Form, Größe und Merkmalen wie Zahl und Form der Zehen und Krallen, Form und Lage der Ballen, Spreizung der Schalen (bei Paarhufern) und Form der Afterklauen (bei Huftieren) gibt sie über die Erzeuger Auskunft.